Azar Khalatbari
avec Jacques Jupille

LA NANO RÉVOLUTION

Comment les nanotechnologies transforment déjà notre Quotidien

Éditions Quæ

ISBN (papier) : 978-2-7592-2828-7
e-ISBN (PDF) : 978-2-7592-2829-4
x-ISBN (ePub) : 978-2-7592-2830-0

Éditions Quæ
RD 10
78026 Versailles Cedex, France
www.quae.com

Cette collection s'adresse à un large public, non spécialiste des sujets traités, mais curieux de comprendre l'actualité. Sous la direction d'un expert scientifique, chaque ouvrage est écrit par un journaliste dans un style vivant et très accessible, et couvre des questions de société variées, comme l'alimentation, la santé, l'environnement, les nouvelles technologies...
Une collection originale par son choix d'aborder ces problématiques sous l'angle de leur impact dans notre vie quotidienne.

Les antibiotiques : c'est la panique !
Les solutions pour lutter contre la résistance des bactéries…
Étienne Ruppé
2018, 160 pages

Notre air est-il respirable ?
Le vrai du faux sur la pollution intérieure et extérieure
Lise Loumé, avec Francelyne Marano
2018, 168 pages

La douleur n'est pas une fatalité !
Comprendre et apprivoiser la douleur
Odile Robert, avec Bernard Calvino
2018, 184 pages

Quoi de neuf sur le sommeil ?
Bien dormir pour mieux se porter au quotidien
Anne Le Pennec, avec Sylvie Royant-Parola
2018, 192 pages

Déchets : changez-vous les idées !
Comment réduire et valoriser nos déchets au quotidien
Isabelle Bellin, avec Christian Duquennoi
2018, 184 pages

Le temps des robots est-il venu ?
Découvrez comment ils transforment déjà notre quotidien
Jean-Philippe Braly, avec Jean-Gabriel Ganascia
2017, 176 pages

Vivons la ville autrement
Des villes durables où il fait bon vivre au quotidien
Laurence Estival, avec Marjorie Musy
2017, 168 pages

Un océan de promesses
Cette mer qui nous nourrit, nous soigne, nous donne l'énergie… au quotidien
Anaïs Joseph, avec Philippe Goulletquer
2017, 168 pages

Sommaire

Remerciements

C'est par la lecture du livre de Michael Crichton, *La Proie*, un jour d'automne pluvieux à la campagne, que j'ai franchi la frontière du nanomonde. J'ai été fascinée par la construction haletante de son récit où la fiction ne semble jamais improbable au regard des hypothèses scientifiques. Décédé en 2008, à l'âge de 66 ans, son immense talent a touché des millions de lecteurs et lectrices à travers le monde. Qu'il soit ici remercié, par l'une d'entre elles, très modestement.

Jacques Jupille a été le patient compagnon de ces mois de travail. Il a su porter un regard distancié pour pointer les irrégularités, partager les interrogations et relire avec beaucoup d'acuité. Sans lui, ce travail n'aurait pas été le même.

Anne-Lise Prodel des éditions Quæ a écouté, encouragé, relu, conseillé avec beaucoup de bienveillance. Sa confiance n'a pas failli et je l'en remercie très chaleureusement.

Philippe, Cyrus et Roxanna ont dû supporter quelques sautes d'humeur et soirées de fatigue. Merci de leur patience.

Enfin, les experts suivants ont bien voulu donner de leur temps. Tous ont raconté avec beaucoup de passion et patience leur domaine de recherche.

Je remercie très sincèrement :

Daniel Bernard, président du comité Nanotechnologies des ingénieurs et scientifiques de France, président de la commission de normalisation Nanotechnologies de l'Afnor

Patrick Boisseau, programme Nanomédecine au CEA Leti

Patrick Couvreur, université Paris-Sud, Institut Galien, professeur au Collège de France

Éric Houdeau, laboratoire Toxalim, Inra (Institut national de la recherche agronomique)

Francelyne Marano, laboratoire de Biologie cellulaire et toxicologie, université Paris-Diderot

Nathalie Mitton, groupe de recherche FUN (*Future Ubiquitous Networks*), Inria (Institut national de recherche en informatique et en automatique), Lille

Aurélie Niaudet, unité d'Évaluation des risques liés aux agents physiques, Anses (Agence nationale de sécurité sanitaire de l'alimentation, de l'environnement et du travail)

Stéphane Peyron, UMR IATE (Ingénierie des agropolymères et technologies émergentes), Inra

Jérôme Rose, département Environnement durable au Cerege (Centre européen de recherche et d'enseignement des géosciences)

Plongée dans le nanomonde

Le héros de notre histoire est une poudre blanche découverte au XVIIe siècle, très prisée des peintres, connue sous le nom de blanc de titane. Il a permis aux artistes du début du XXe siècle d'illuminer d'un trait de pinceau les carnations ou d'apporter une éclatante touche finale. Composé de juste deux éléments chimiques, le titane et l'oxygène, il monte en puissance depuis à peine quelques décennies. Mais cette fois-ci, son succès ne doit rien aux artistes. Son développement est dû aux industriels qui ont su le façonner à l'échelle nanométrique, soit une taille 100 000 fois inférieure à l'épaisseur d'un cheveu ! C'est ainsi qu'il a acquis des propriétés insoupçonnées...

Le dioxyde de titane, alias TiO_2, est devenu le porte-drapeau d'une classe d'ingrédients de tailles similaires, les nanoparticules, qui ont envahi notre quotidien. Ils sont aujourd'hui partout : bonbons, chewing-gum, emballages, peintures, plats cuisinés, jouets cosmétiques... et leur devenir — dans l'organisme comme dans l'environnement — est mal connu.

Pour une poignée de bonbons

Ils sont ronds, ils sont bons, ces bonbons colorés — pellicules rouges, vertes et jaunes qui entourent une couche de chocolat, le tout enrobant une cacahuète.

Les enfants en raffolent et les grands s'y sont mis aussi, depuis que dans les salles de cinéma avant chaque séance, une publicité hilarante en vante le goût. Il est très ludique d'en manger : on peut commencer par jongler avec ces billes avant d'essayer d'en gober quelques-unes.

Sauf qu'à chaque bonbon avalé, il y a autre chose que le chocolat, le sucre, la cacahuète et la farine, qui se glisse subrepticement dans le gosier : une particule de TiO_2 invisible à l'œil nu. TiO_2 est parfois présenté sous son nom d'additif alimentaire : E171. Ce passager clandestin de la confiserie profite de la mastication, emporté par les flots de salive, pour glisser ni vu ni connu avec tout le reste. Seulement, la particule lilliputienne, compte tenu de sa taille, se faufilerait là où on l'attend le moins. Où exactement ? Très logiquement nous devrions la retrouver dans l'estomac, puis dans l'intestin… et si tout va bien, après élimination, dans les usines de traitement des eaux usées. Elle disparaîtrait ainsi définitivement de notre corps. Alors pourquoi donc s'attarder autant sur le sort de cet additif si commun ?

Parce qu'avant d'atteindre les égouts, à cause de sa très petite taille, le TiO_2 décrit un chemin bien tortueux. C'est ainsi dans le nanomonde. Les comportements sont bien différents de ceux que nous connaissons. Et c'est à tâtons et avec beaucoup d'interrogations que physiciens, chimistes, médecins et physiologistes explorent leur étrangeté. Car à la faveur de leur petite taille, les nanoparticules peuvent traverser les barrières biologiques (voir chapitre 2). La paroi de l'intestin par exemple, pour se retrouver dans le sang et se laisser ainsi transporter comme sur un toboggan géant vers tous les organes… Une fois atteints les abords de la rate ou du pancréas, du cœur ou du cerveau, quel rôle pourraient-elles endosser ? C'est pour répondre à cette question précisément, avec l'immense enjeu de santé publique qu'elle cache, qu'il est urgent de percer le secret de leur monde.

Tant d'incertitudes pourraient justifier que l'on s'abstienne d'en consommer car, après tout, le citoyen averti peut faire le choix de ne pas céder à la tentation sucrée. En mars 2015, l'eurodéputé d'Europe Écologie Les Verts, José Bové, faisait la promotion de son livre *L'Alimentation en otage* sur le plateau d'une télé grand public. Profitant du direct, il a brandi les paquets de bonbons colorés pour appeler à boycotter ces confiseries. Il suffit de lire — avec une loupe et beaucoup de concentration — la liste des ingrédients, imprimée en tout petits caractères au dos de l'emballage. Depuis le 1er janvier 2013, en France, la loi oblige les industriels à déclarer la liste des ingrédients à l'état de nanoparticules. Avec un peu de volonté, chacun pourrait donc éviter ces produits, dont la liste ne cesse de s'allonger... mais force est de constater que même ceux qui résistent ne sont pas à l'abri du TiO_2 : ce dernier a encore d'autres chemins de traverse encore pour nous atteindre.

En effet, dès que le soleil montre quelques ardeurs, les règles de la bonne hygiène de vie font que petits et grands se badigeonnent de crème solaire. Or, cette substance onctueuse que l'on étale voluptueusement est elle aussi bourrée de nanoparticules de TiO_2, car son pouvoir réfléchissant est tout indiqué pour préserver la peau des rayons solaires. Croyant nous préserver du risque du cancer de la peau, nous renouvelons l'opération très souvent. À la plage, chaque baignade laisse ainsi une empreinte : une quantité de ces particules se retrouve dans l'eau et, au retour, sur le sable. Et ceux qui font le lézard, plongés dans une lecture agréable pour les plus âgés ou tout occupés à monter des pâtés pour les plus jeunes, même sans s'être tartinés de crème, se retrouvent au contact de la nanoparticule. C'est ainsi qu'elle finit par atteindre tout le monde, même ceux qui l'ont boycottée sous une forme ou une autre. Car elle traverserait insidieusement leur peau. Faut-il avoir une égratignure pour que le passager clandestin trouve la voie de notre monde intérieur ? Le sujet est fortement débattu : tandis que les représentants de l'industrie des cosmétiques nient toute intrusion du TiO_2, médecins et toxicologues montrent que les pores naturels de la peau les acheminent directement. Empruntant ce tapis rouge, les nanoparticules se retrouvent ainsi introduites partout dans le corps.

Jusque dans le cerveau des truites

Puis, au bout du compte, après bien des détours, le TiO_2 prendra le chemin des eaux. Les nanoparticules qui se trouvent sur les grains de sable iront se perdre dans la mer, au gré des marées, et rejoindront celles laissées par les baigneurs. D'autres finiront dans les égouts. Car après la plage, pour les vacanciers, une bonne douche s'impose. Au final, les nanoparticules se trouvent emportées dans le circuit des eaux usées.

Peut-on alors enfin oublier ces lilliputiens et leurs effets ? Non. La revue *Scientific American* publiait, dans son édition du 26 mars 2009, une étude menée par des chimistes de l'université de Toledo dans l'État de l'Ohio (États-Unis)[1]. Selon cette étude, les nanoparticules de dioxyde de titane passent à travers les filtres des stations d'épuration et se retrouvent dans les lacs et les nappes phréatiques. Or, là, elles ne restent guère inactives : elles endommagent la paroi des micro-organismes indispensables à l'équilibre écologique de ces milieux.

1 www.scientificamerican.com/article/nanoparticles-in-sunscreen.

La méthode de l'équipe américaine est fondée sur l'expérience. Les chercheurs ont utilisé de l'eau riche en bactéries cultivées au labo, dont la membrane a été marquée avec un colorant vert fluorescent. Puis l'équipe a répété l'expérience en rajoutant graduellement 10 à 100 mg de nanoparticules par litre d'eau… et ont remarqué un changement de couleur des membranes cellulaires. La présence des nanoparticules les avait endommagées. Ce changement montre que les micro-organismes ont ainsi perdu leur fonction. Et si la faune bactérienne d'un milieu devient inopérante, de nombreux équilibres se trouvent rompus, endommageant la vie aquatique.

Mais la longue histoire du TiO_2 ne s'arrête pas là. En septembre 2011, l'Association pour la biologie expérimentale rapportait des résultats étonnants : les chercheurs de l'université de Plymouth en Grande-Bretagne présentaient pour la première fois les effets des nanomatériaux sur des truites arc-en-ciel[2]. Jusque-là, l'impact des nanoparticules sur le vivant avait été estimé sur des cultures de cellules et non pas sur des vertébrés en vie dans leur milieu naturel. Les scientifiques ont constaté des dommages au cerveau et dans le système nerveux central des truites, sans toutefois être en mesure d'identifier le mécanisme exact de l'action des nanoparticules.

Les vertus des petits

Alors, n'y a-t-il que du mauvais dans ces lilliputiens ? Ce serait sans compter sur l'atout que leur confère leur petitesse dans bien d'autres domaines que l'industrie agroalimentaire. Par exemple, leur utilisation médicale

2 Society for Experimental Biology, 2011. Nanoparticles cause brain injury in fish. *ScienceDaily*.

est très prometteuse : ils sont capables de se transformer en véritables combattants sanitaires pour acheminer le produit actif à travers le corps et le délivrer directement à la cellule cancéreuse, et ainsi éviter que des tissus sains ne subissent les effets secondaires des médicaments (voir chapitre 3).

Dans les gestes du quotidien, sans ces nanoparticules, bricoleurs, peintres et décorateurs s'arracheraient les cheveux. Des grumeaux dans les peintures, que l'on ne parviendrait pas à étaler correctement au pinceau… des colles qui couleraient du rouleau et des papiers peints qui glisseraient une fois posés... Voilà le tableau, car dans tous ces produits désignés sous le nom générique de colloïdes, les nanoparticules font des merveilles. Elles restent en suspension dans un liquide et permettent ainsi de maîtriser la viscosité des produits. De même, si les meubles sont vernis et les lambris scintillent, si les revêtements durent des décennies et ne pâlissent pas au fil des années, résistant ainsi aux UV, c'est encore grâce à ces minus.

Que les pare-chocs des voitures ne présentent pas d'éraflures à la moindre friction, et que les coques des bateaux ne rapportent pas algues et organismes marins, la raison est toujours à rechercher dans l'action des nanos. Mais un des apports les plus importants est dans un objet commun de notre environnement quotidien : le smartphone. Sous son écran lisse et son boîtier qui glisse dans les poches, il est le champion toutes catégories en matière de nanoparticules ! En effet, s'il rassemble dans une dizaine de centimètres cubes appareil photo, radio, calculateur, téléphone, messagerie, vidéo… et une foule d'autres fonctionnalités, c'est grâce à la nanoélectronique. Le but de ce domaine qui regroupe physiciens, chimistes et spécialistes des sciences des matériaux est de placer toujours plus de composants sur la même galette de silicium servant à fabriquer les puces électroniques. Cette tendance à la miniaturisation suit ce que l'on nomme la loi de Moore (voir chapitre 4). Celle-ci s'énonce ainsi : tous les 18 mois, la même superficie contiendra deux fois plus de transistors. Ce qui revient à dire que la taille des composants électroniques sera divisée par deux tous les 18 mois ou encore que, pour le même coût, deux fois plus de composants pourront être fabriqués. Or, depuis un demi-siècle, cette tendance a été confirmée et la loi de Moore a acquis ses lettres de noblesse. La nanoélectronique en représente le stade ultime. De quelques dizaines de nanomètres, les processeurs permettent de fabriquer de l'électronique toujours plus concentrée et plus puissante pour un coût similaire.

En suivant ainsi la loi de Moore, les nanotechnologies ont révolutionné nos habitudes. Aujourd'hui, un grand nombre de nos concitoyens ont les yeux rivés sur leur écran, dans les transports en commun comme dans la cour de récré. Mais que deviendront ces ingrédients au-delà de la durée de vie du smartphone? Sans le choix du recyclage, les nanoparticules se retrouveront dans l'environnement. Comment réagiront-elles avec les composants naturels du sol ? Où iront-elles si elles sont emportées par les eaux de pluie ?

Sans compter que pour jouir sans limite de ces heures de musique, de vidéo et de téléphone, il a fallu façonner ces nano-objets au sein des usines. Or manipuler de si petits objets n'est pas sans danger. Sans précaution, ils peuvent être inhalés tout simplement par les employés ! Dans quel recoin du corps iront-ils se nicher ? Avec quelles conséquences ? Ainsi au sein de nos objets quotidiens se cache une entité à double face : un génie qui ouvre une foule de possibilités, mais qui pourrait à plus ou moins long terme, si aucune mesure de précaution n'est prise, se transformer en poison pour notre organisme et notre environnement.

C'est donc ce « docteur Jekyll et mister Hyde » qui s'est immiscé partout au fil des années — dans plus de 1 600 produits du quotidien — qu'il va falloir suivre et comprendre !

1

INSAISISSABLES NANOS ?

Petites, surprenantes, puissantes et invisibles… les nanotechnologies ont tout pour intriguer. Leur principe est de manipuler la matière à l'échelle nanométrique. Pour se rendre compte de ce que représente un nanomètre, on peut prendre l'image d'un objet dont la taille est le millionième de celle d'un grain de sésame. Les nanotechnologies manipulent ainsi quelques atomes, une molécule. En les déplaçant, les associant, les fabriquant pièce par pièce, à la manière d'un jeu de Lego®, les chercheurs découvrent les surprenantes propriétés que réserve cette science du très petit. Comment est-on parvenu à plonger ainsi dans le nanomonde ?

L'IMAGINATION, MOTEUR DU NANOMONDE

Il y a eu avant tout le discours visionnaire d'un physicien de génie, Richard Feynman, en 1959, devant la Société américaine de physique. Il a, pour la première fois, envisagé la possibilité d'utiliser la matière à cette échelle pour stocker de l'information, fabriquer des nouvelles molécules, transformer les matériaux. Son discours a libéré les imaginations des ingénieurs et futurologues. Cependant, pour réaliser les mille et une idées nouvelles, il manquait encore les outils capables d'usiner, visualiser, rassembler ces petits grains de matière. Sans eux, les nanotechnologies n'étaient que science-fiction. Pour les inventer, il fallait exploiter les lois de la physique quantique, ce domaine de la physique qui décrit le comportement de la matière aux échelles atomique et subatomique, une révolution scientifique du début du xxe siècle. Ce pas ne fut franchi qu'au milieu des années 1980. Dès lors, la plongée fut rapide. Mais chemin faisant, les scientifiques ont découvert que la nature les avait devancés : des nanostructures sont partout, depuis les ailes des papillons jusqu'aux structures des pattes des geckos, ces petits lézards qui grimpent aux murs, et peuvent même inspirer les ingénieurs. Désormais les nanomatériaux ont envahi tous les domaines du quotidien. Ils ne cessent de s'immiscer dans la moindre innovation.

Aux frontières de la science

Le 29 décembre 1959 donc, à l'Institut de technologie de Californie, le fameux Caltech, se tient le congrès de la Société américaine de physique. Comme toujours dans pareilles circonstances, quelques grands noms du milieu donnent des conférences plénières. Richard Feynman est déjà un professeur réputé, même s'il ne sera lauréat du prix Nobel de physique qu'en 1965. Ses cours sont déjà connus et appréciés des étudiants et il a participé lors de la seconde guerre mondiale au projet Manhattan, qui a permis de construire la première bombe atomique de l'histoire.

Au cours de cette conférence, il envisage le futur en expliquant qu'un jour, on pourra façonner la matière à l'échelle des molécules. Sa phrase est restée célèbre : « *There is plenty of room at the bottom.* » Ce qui pourrait être traduit par : « Il y a beaucoup de place tout en bas. » Une incitation à explorer la matière à l'échelle moléculaire. L'idée a fait son chemin, notamment auprès des esprits les plus inventifs. Parmi eux, Eric Drexler. Cet ingénieur américain qui a mené sa recherche au Massachusetts Institute of Technology, le célèbre MIT, travaille dans les années 1970 pour la Nasa. Son sujet de prédilection est alors les voiles solaires, considérées comme des moyens de navigation spatiale. Ces voiles, destinées à être propulsées par la faible impulsion que transmet chaque photon, sont fabriquées dans un matériau très léger : un film métallique de quelques nanomètres d'épaisseur. C'est en s'inspirant de l'idée de Feynman qu'il rédige son livre phare en 1986 : *Engines of Creation: The coming era of nanotechnology*. C'est la première fois que le terme « nanotechnologie » est employé de manière si explicite. Même si, en 1974, le Japonais Norio Taniguchi de l'université de Tokyo utilisait ce terme pour désigner l'usinage des matériaux de très haute précision. Drexler s'est inspiré de la chimie du vivant : certains processus biochimiques permettent l'autoréplication d'une molécule ; de la même manière, certaines nanomachines pourraient avoir la capacité de se répliquer ou alors il existerait des « assembleurs » capables de fabriquer des nanostructures. Dans son livre qui joue sur le registre de l'anticipation, il décrit ce qui est aujourd'hui en passe de devenir réalité : des nanomachines qui voyageraient dans notre organisme et pourraient atteindre les tissus pour les régénérer ou encore se fixer sur certaines cellules indésirables pour les détruire. Il imagine les multiples possibilités ouvertes par la maîtrise des nanotechnologies alliées à l'intelligence artificielle.

Les possibilités qu'il entrevoit relèvent parfois encore aujourd'hui de la science-fiction. En particulier, il décrit les situations critiques et les dérapages dans le façonnage de nanomatériaux. Un cas particulier a pris le nom de *Gray goo*, soit Gelée grise. Ce concept a inspiré de nombreux auteurs, dont Michael Crichton (voir encadré).

Apocalypse nano

Que se cache-t-il sous ce nom évocateur de Gelée grise ? Si des nanomachines parviennent à imiter les molécules du vivant et adopter un comportement d'autoréplication, alors on peut envisager l'autoréplication des nanorobots. En raison de leur petitesse, ces robots seraient capables de s'autorépliquer à un rythme très élevé, à la manière des microbes dont le passage d'une génération à l'autre s'effectue très rapidement.

Pour ce faire, les nanorobots auraient besoin de ressources, d'énergie. En effet, comme nous l'indiquent les lois de la physique, un système ne peut pas se répliquer sans consommation d'énergie. Or, ces nanomachines déréglées pourraient alors absorber les ressources terrestres très rapidement, au rythme de leur réplication. Devant cette assemblée de nanorobots devenus fous, les humains n'auraient aucun moyen d'agir. Ils subiraient l'assaut des nanos.

L'idée a fortement intéressé l'écrivain américain Michael Crichton qui s'était déjà rendu célèbre avec *Jurassic Parc*. Son roman *La Proie*, paru en 2002, raconte comment des nanomachines capables de s'autorépliquer s'échappent d'un laboratoire de recherche de l'armée et se propagent sous la forme d'un nuage de points... Leur taux d'autoreproduction exige une telle énergie qu'elles consomment tout sur leur passage. Dans l'ouvrage d'Eric Drexler, les nanorobots 1 000 fois plus petits que l'épaisseur d'un cheveu parvenaient à s'autorépliquer toutes les 1 000 secondes. Soit chaque robot donnant deux robots au bout de 1 000 secondes, lesquels en donneront quatre au bout de 1 000 autres secondes, jusqu'à ce que...

Quand la Royal Society se penche sur la gelée grise

C'est à la lecture du roman *La Proie* de Crichton, à sa sortie en 2002, que le Prince Charles eut des craintes. D'autant plus que la menace décrite dans ce récit de science-fiction était invisible ! Ces nanorobots voyageant en essaim à la manière d'insectes, invisibles individuellement, mais formant un nuage gris, dotés d'une intelligence collective distribuée, capables d'utiliser toute l'énergie de la planète, ne manquèrent pas de générer quelques cauchemars dans la tête du monarque. Le Prince saisit la même année la Royal Society et lui suggéra d'étudier sérieusement la question : « Quels sont les risques environnementaux et humains lorsque l'on manipule la matière à l'échelle atomique ? » Pourtant, son pays s'était déjà engagé dans la course. Le premier ministre de l'époque, Tony Blair, avait même identifié ce domaine de recherche comme un axe prioritaire à suivre pour être présent dans la compétition technologique mondiale. Il faut dire que le prince avait aussi lu le premier rapport très critique sur les nanotechnologies, publié par le groupe ETC — un groupe de surveillance de l'impact des technologies émergentes — et baptisé *Big Down*[3].

Plus tard dans la même année, en réponse, la société savante la plus vieille du monde rendait public un rapport apte à rassurer son prince : un scénario comme celui de Crichton était hautement improbable, tant il y avait encore du chemin à faire pour mettre au point une intelligence collective parmi les nanoparticules. Mais elle souligna la nécessité d'une plus grande transparence dans la fabrication et l'évaluation des nanomatériaux[4].

3 www.etcgroup.org/sites et www.etcgroup.org/files/thebigdown.pdf.
4 https://royalsociety.org/topics-policy/publications/2004/nanoscience-nanotechnologies.

DES OUTILS AU SERVICE DES NANOS

Le développement des nanotechnologies ne pouvait se faire sans les instruments appropriés pour les observer, les usiner, les façonner. Les microscopes optiques dont le principe de fonctionnement repose sur la propagation de la lumière visible ne sont pas pertinents car ils n'offrent pas un grossissement suffisant.

Pourtant, voir les atomes était déjà possible au tout début du xxe siècle. L'arrangement atomique d'un cristal diffracte les rayons X dans la mesure où les longueurs d'onde de ces derniers sont du même ordre que les distances interatomiques. C'est ainsi que les clichés de diffraction du début du siècle dernier permettaient de déterminer les positions des atomes au sein du cristal. Mais cette détection indirecte n'autorisait pas la manipulation atome par atome. Pour faire un pas de géant dans le nanomonde, il fallait créer des instruments qui exploitent les lois de la physique quantique.

Le plus vieux de ces instruments est la microscopie électronique. Elle repose sur une des idées phares de la physique quantique qui est la dualité onde/particule. Ainsi toute particule correspond à une onde. De la même manière qu'un photon (un grain de lumière) est lié à une onde électromagnétique, un grain de matière (comme un électron) est aussi associé à une onde. Mais cette dernière a des ondulations plus courtes : sa longueur d'onde est beaucoup plus petite. Ainsi, remplacer un photon par un électron permet d'utiliser une onde de plus courte longueur et d'avoir un grossissement plus important. Un objet peut être grossi jusqu'à deux millions de fois là où la microscopie optique ne peut dépasser quelques milliers de fois. Grâce au microscope électronique, il est donc devenu possible de visualiser les atomes qui constituent la matière. Alors que le premier microscope électronique a vu le jour dans les années 1930, d'autres variantes ont été inventées : en transmission et à balayage. La première utilise une source d'électrons — générée à partir du tungstène — tandis que la seconde balaye l'échantillon grâce à un faisceau d'électrons qui permet de sonder le matériau de proche en proche.

Mais ce qui a fait décoller la science des nanos est la microscopie en champ proche, représentée par la microscopie à effet tunnel et la microscopie à forces atomiques, deux outils qui ont vu le jour à la fin du XXe siècle. En 1981, l'Allemand Gerd Binnig et le Suisse Heinrich Rohrer inventent le microscope à effet tunnel, pour lequel ils reçoivent le prix Nobel de physique en 1986. L'effet tunnel est un phénomène décrit par la physique quantique. Il désigne la propriété des objets quantiques à passer une « barrière de potentiel », un niveau élevé d'énergie, même si leur énergie n'est pas suffisante. À l'échelle macroscopique, cela reviendrait pour une personne à traverser un mur. La pointe du microscope pilotée par un ordinateur se déplace à la surface d'un objet. La maîtrise du mode de déplacement de la pointe et du courant échangé entre la pointe et l'objet permet d'obtenir une image de la surface. La microscopie à effet tunnel permet de décrire la surface du matériau avec une résolution d'un dixième de nanomètre, à l'échelle de l'atome. La microscopie à forces atomiques a pour sa part été inventée en 1985, par Gerd Binnig, Calvin Quate et Christoph Gerber. Là encore, il s'agit d'explorer une surface au moyen d'une pointe, mais l'analyse repose ici sur les forces qui s'exercent entre la pointe et la surface. La méthode s'applique à tous les matériaux alors que la microscopie à effet tunnel n'est utilisable que sur des conducteurs électriques. Grâce à ces

L'inspiration de la nature : nacre et gecko

De nombreux matériaux naturels issus des vivants sont aussi nanostructurés : la coquille de nacre des céphalopodes que les ingénieurs cherchent à imiter, le gecko, ce lézard capable de grimper aux murs ou de marcher au plafond. Si le gecko est capable de ces prouesses, c'est à cause des nanostructures qui ornent ses pattes. Ses doigts adhèrent à tous les matériaux et dans toutes les positions. L'animal s'attache et se détache en quelques millisecondes sans que ses doigts collent les uns aux autres ou encore qu'ils se salissent. Sur le coussinet de chaque doigt, une série de lamelles (nommées scansors) sont elles-mêmes couvertes de fibres (les sétules), qui chacune se ramifie en des centaines de branches se terminant par une spatule triangulaire. Ces nanostructures développent une force d'adhésion importante. Ainsi paré, le gecko peut se déplacer sur toutes les surfaces. Cette nanostructure naturelle inspire les chercheurs. Par exemple pour fabriquer des pansements qui peuvent être utilisés à l'intérieur de l'organisme dans un environnement humide.
Un autre exemple de bio-inspiration est l'effet lotus. Les feuilles de cette plante possèdent des nanostructures qui font perler l'eau aussitôt qu'une goutte se forme à la surface de la feuille. Ainsi la feuille semble toujours sèche : la géométrie de ces nanostructures inspire les scientifiques pour l'élaboration de surfaces aux propriétés très hydrophobes.

microscopies, les nanotechnologies ont pris leur essor mais, ainsi armés, les chercheurs ont aussi découvert que la nature les avait devancés dans l'utilisation de la matière à l'échelle nanométrique (voir encadré).

Usiner à l'échelle du nanomètre

Reste la pratique. Comment faire pour fabriquer un objet aussi minuscule ? La première question est de se demander s'il faut partir d'un bloc de matière et le découper, ou s'il faut faire le choix d'assembler des atomes pour fabriquer un nano-objet ? Ces approches existent toutes les deux : deux voies différentes qui utilisent des techniques différentes...

La voie *top-down* (ou descendante) suppose de partir d'un matériau en bloc et de le diviser jusqu'à atteindre la taille nanométrique. La technique utilisée est celle de la miniaturisation, comme dans l'industrie de la microélectronique, et le procédé est la lithographie. C'est ainsi que sont fabriqués les circuits électroniques. Le substrat de base est sensible à la lumière ou à un faisceau d'électrons. Une fois le circuit gravé, le substrat est soumis aux rayons lumineux ou à un faisceau d'électrons pour ne garder que la partie imprimée. Comme l'industrie de la microélectronique, la construction *top-down* s'effectue au sein de salles blanches où la température, la pression et la densité de poussière par unité de volume sont précisément contrôlées.

L'autre voie de fabrication est la voie *bottom-up* (ou ascendante) : le principe ressemble à celui du jeu de Lego® où il faut assembler des petits éléments afin de fabriquer un objet à l'échelle nanométrique. Cela suppose de manipuler atome par atome ou molécule par molécule. Cet assemblage peut se faire grâce aux microscopes en champ proche, ou par synthèse chimique.

Une population en constante augmentation

Il faut commencer par répertorier l'ensemble de ces minus et les identifier pour comprendre l'enjeu qu'ils représentent... Puis tenter de trouver une définition. Et nous le verrons, aucune définition satisfaisante n'a encore été élaborée !

Si le dioxyde de titane — alias E171 selon son nom de code pour l'industrie agroalimentaire — est l'une des nanoparticules les plus connues, c'est parce qu'il intervient dans les aliments de tous les jours. Mais la communauté des nanoparticules grossit à une allure folle : il y a juste 20 ans, elles intervenaient dans à peine une cinquantaine de produits, colles et peintures essentiellement. Le centre de recherche américain Wilson tente justement d'établir un inventaire des produits qui en contiennent, baptisé *Project of emerging nanotechnologies*. Lors de son dernier inventaire en 2015, il a ainsi répertorié 1 814 produits de consommation commercialisés par 622 firmes dans 32 pays. Mais leur utilisation augmente de jour en jour et les secteurs d'innovation et de recherche des grandes entreprises ne cessent de découvrir de nouvelles propriétés.

Les quantités de nanoparticules produites sont difficiles à connaître, principalement à cause du flou de leur définition et de l'absence de réglementation relative à leur déclaration. La démarche d'une équipe suisse, publiée en 2012, reste aujourd'hui encore de ce point de vue très pertinente[5]. Conscients des questions soulevées par l'emploi des nanos et de l'absence de données, ces auteurs ont envoyé des questionnaires à de nombreux industriels du domaine en leur demandant, non de préciser ce qu'ils produisaient eux-mêmes, mais d'évaluer les productions européennes ou mondiales. Le questionnaire concernait dix types de nanomatériaux dont les oxydes de titane, de zinc, de fer, d'aluminium, de cérium, la silice, les nanotubes, les fullerènes C_{60}, l'argent. D'après cette étude, le produit majeur est l'oxyde de titane (production mondiale de 10 000 tonnes par an). Les nanotubes de carbone et les oxydes de zinc, de fer, d'aluminium, de cérium suivent, avec une production comprise entre 100 et 1 000 tonnes/an. L'estimation relative aux nanoparticules de silice est

5 Piccinno F. *et al.*, 2012. Industrial production quantities and uses of ten engineered nanomaterials in Europe and the world. *J. Nanopart. Res.*

comprise entre 10 tonnes et 10 000 tonnes/an, preuve de la difficulté de définition. Ce travail est maintenant un peu ancien. Certaines productions ont pu connaître une évolution considérable. Il donne cependant une indication et, surtout, permet de conclure que l'on sait bien peu de choses sur la production des nanoparticules !

Si l'on se réfère au nombre de produits qui contiennent des nanoparticules[6], alors le matériau le plus répandu est l'argent, notamment sous la forme de « nanoargent ». Ce succès est dû à ses propriétés de biocide et donc à sa capacité à détruire les micro-organismes. C'est lui qui assure la fraîcheur des chaussettes après une journée de sport, en jouant le rôle de bactéricide et d'anti-odeurs. Mais il intervient aussi dans les cosmétiques, vernis, peintures, pansements, déodorants, et jusque sur les touches des claviers d'ordinateur... le tout pour empêcher les microorganismes de s'y loger et de proliférer.

Après l'argent, vient le carbone. C'est un élément essentiel à la vie, à la base de toutes les molécules organiques. En 1985, deux chimistes américains et un britannique ont découvert une drôle de configuration de ses atomes : 60 d'entre eux peuvent s'unir pour former une molécule en forme de cage ou de ballon de football, qui a pris le nom de fullerène en hommage à Richard B. Fuller, un architecte américain constructeur de bâtiments en forme de dômes. Cette molécule a aussi parfois été baptisée footballène. Par la suite, tout un ensemble de composés carbonés de la famille des fullerènes a vu le jour. Le plus utilisé d'entre eux, découvert en 1991 par le Japonais Sumio Lijima, est le nanotube de carbone. Il s'agit de tubes creux concentriques séparés de quelques

6 www.nanotechproject.org/cpi et www.beilstein-journals.org/bjnano/articles/6/181.

dixièmes de nanomètre, comme autant de feuillets enroulés faits d'atomes de carbone et d'un diamètre compris entre 0,6 et 6 nanomètres. Les tubes peuvent aussi exister individuellement et leur extrémité peut être fermée par la moitié d'une molécule de fullerène. La longueur de ces nanotubes est de quelques micromètres. Or, ils ont une résistance plus de 20 fois supérieure à celle de l'acier tandis que leur densité est 6 fois moindre. C'est pourquoi les nanotubes de carbone sont incorporés à de nombreux matériaux qui doivent allier résistance mécanique et légèreté, depuis les gilets pare-balles jusqu'aux pare-chocs de voitures, en passant par les raquettes de tennis, les vélos, les kayaks. Leurs propriétés thermiques et électriques permettent même de concevoir des processeurs.

L'utilisation de notre héros le dioxyde de titane en tant que nanoparticule est en croissance rapide. D'ici quelques années, il pourrait même rafler la première place ! À cause de la brillance qu'il apporte aux aliments industriels, il se trouve incorporé de plus en plus aux produits de consommation courante. Après le titane, ce sont les nanoparticules de silice, d'oxyde de zinc et d'or qui sont les plus utilisées… Les premières interviennent dans les cosmétiques où elles changent l'onctuosité des produits et évitent qu'ils forment des grumeaux. Quant aux particules à base de zinc, leur domaine d'action est dans les peintures. L'or, ce métal précieux dont on fait lingots et bijoux promet beaucoup. Sa stabilité en fait le champion de la connectique et — selon les chercheurs de l'université britannique de Shieffield Hallam — rien qu'un de nos smartphones en contient 30 mg. Mais une foule d'autres applications se profilent pour les nanoparticules d'or, aussi bien dans le domaine des capteurs ultrasensibles que pour le traitement des tumeurs.

À côté de ces minus manufacturés qui naissent dans des usines, il y a aussi des nanoparticules dans la nature. À chaque éruption volcanique, les particules éjectées — souvent à base de silice — peuvent être d'une taille de l'ordre de quelques dizaines de nanomètres. De la même manière, l'érosion des sols, les incendies de forêts, la fragmentation des pollens peuvent émettre des particules de tailles similaires, mais ces émissions sont plutôt qualifiées de particules fines. Un point de définition… sur lequel il y a au moins consensus. Ainsi par nanoparticules, nous ne considérons ici que celles qui sont manufacturées. Reste que pour les suivre et réglementer leur utilisation, il faut les définir plus en détail, et c'est là que commencent les difficultés ! Une première façon d'y parvenir est de s'intéresser à quelques-unes de leurs propriétés.

MINITAILLE, MAXISURPRISES

Une seule caractéristique les relie : leur taille. Entre 1 et 100 nanomètres, soit un milliardième et un dix-millionième de mètre, c'est-à-dire selon l'exemple qui est souvent utilisé, entre 100 000 et 1 000 fois plus petit que l'épaisseur d'un cheveu. Délaissons le mètre et prenons le millimètre. Prenons par exemple une graine de sésame. Il faut considérer un millionième de la taille de ce grain pour obtenir un nanomètre. Pour se représenter une nanoparticule, il suffit d'imaginer un objet entre un million de fois et 10 000 fois plus petit qu'un grain de sésame. Et l'atome, dans ce repère ? Pour fixer les idées, disons que son diamètre est de l'ordre du dixième de nanomètre, ce qui correspond à un Ångström, une unité de longueur souvent utilisée pour mesurer les distances interatomiques dans la matière.

Oubliez vos repères

Mais la taille n'est pas une propriété, au sens où les spécialistes l'entendent habituellement. Une propriété caractérise des comportements physicochimiques tels que la masse volumique, le point d'ébullition, la dureté. Sauf que… à cause de sa petitesse, l'échelle nanométrique réserve de surprenantes propriétés. Prenons les particules d'or. Ce matériau est considéré comme inerte du point de vue des chimistes, ce qui signifie qu'il ne s'empresse pas de réagir chimiquement avec les autres éléments. Par exemple, il ne s'oxyde pas dans les conditions ambiantes, ce qui permet de fabriquer des bijoux nobles qui gardent la couleur caractéristique que nous lui connaissons dans la vie de tous les jours. Pourtant, le métal qui reste stoïque, rechignant à établir des liaisons chimiques, gagne en réactivité lorsqu'il est réduit à l'échelle nano. Par ailleurs, les nanoparticules d'or changent de couleur, du rouge au violet, en fonction de leur taille. D'autres couleurs comme le vert et le bleu peuvent être obtenues en jouant sur la forme et la taille de nanoparticules plus ou moins allongées (bâtonnets). Il n'y a rien de magique… juste un peu de physique (voir encadré ci-contre) !

Un terrain de basket dans un sucre ?

Deuxième propriété remarquable des nanos, l'envolée de leur activité physicochimique. Une expérience du quotidien illustre bien cette transformation. Pour faire un bon bol de chocolat chaud… il faut du lait et du chocolat en poudre. Essayez de tremper une tablette directement dans le lait : il va falloir être patient ! Pourquoi donc le même produit — le chocolat — se dissout si bien lorsqu'il

Changement de couleur ou pourquoi une pomme rouge est rouge

La lumière est une onde, comme celle qui se propage à la surface de l'eau lorsqu'on y jette un caillou... mais une onde électromagnétique que l'on ne peut pas voir. Les caractéristiques de chaque onde dépendent de la longueur entre deux crêtes – ou deux creux – c'est-à-dire sa « longueur d'onde ». Chaque couleur a une longueur d'onde spécifique. Par exemple, celle du rouge se situe autour de 640 nm tandis que la couleur bleue correspond à une longueur d'onde de 440 nm... Plus la longueur d'onde est petite, plus la lumière est énergétique. Ainsi la lumière bleue a plus d'énergie – ou est plus chaude – que la rouge (même si cela va à l'encontre du ressenti de couleurs chaudes ou froides). La lumière visible correspond à une petite partie du spectre électromagnétique : c'est ainsi que les physiciens appellent l'ensemble des ondes électromagnétiques. On a aussi d'un côté la lumière visible, et d'un autre, les lumières invisibles (rayons gamma, X, ultraviolet, infrarouge et radio...), du plus au moins énergétique. Tandis que les ondes gamma ont une longueur d'onde inférieure à un millième de nanomètre (soit 10^{-12} m), celle des ondes radio peut atteindre plusieurs centaines de kilomètres.
Si la pomme nous paraît rouge, c'est parce que sa peau renvoie préférentiellement la longueur d'onde du rouge. Mais cette vision macroscopique du phénomène ne tient plus la route dès lors que l'on s'intéresse à des structures de tailles de l'ordre de quelques dizaines de nanomètres. La longueur d'onde de la lumière diffusée est alors réglée par l'excitation des oscillations collectives des électrons, appelées plasmons, qui elle-même dépend de la taille et de la forme de l'objet. Résultat : l'or qui était macroscopiquement jaune, peut devenir rouge dès lors qu'il se présente sous forme de particules de quelques dizaines de nanomètres. Encore plus petit, et l'or devient vert.
Voilà donc le secret du changement de couleur ! C'est ainsi qu'en 2015, les chercheurs chinois du Shenzhen Institute of Advanced Technology ont réussi à réaliser le rêve de tous les décorateurs. Grâce à une peinture contenant des nanoparticules, ils sont parvenus à provoquer des changements de couleur en faisant varier la taille de ces nanoparticules grâce à un courant électrique, lequel était piloté depuis un smartphone ! Ainsi après une journée maussade, vous pouvez opter pour un jaune lumineux...

est en poudre ? La raison principale est que la réactivité chimique d'un matériau est liée à sa surface exposée. À quantité égale, une tablette de chocolat a une surface bien moindre que les grains du chocolat en poudre !

Résultat : plus on augmente la surface d'un ingrédient, plus il devient réactif. Et pour augmenter la surface, il n'y a rien de mieux que découper encore et encore : chaque fois que l'on partage une tablette en deux, on fait apparaître de part et d'autre de la cassure une surface supplémentaire et ainsi de suite. Transformer un volume d'un matériau en nanoparticules est en ce sens une formidable machine à augmenter la surface et, par la même occasion, la réactivité.

Ainsi les spécialistes définissent « la surface spécifique d'une poudre » : il s'agit de la surface du produit par rapport à sa masse. Mais un simple calcul permet de comprendre que cette surface spécifique augmente très rapidement au fur et à mesure que l'on divise la matière. Le site du programme national pour les nanotechnologies des États-Unis, la *National Nanotechnology Initiative*, présente une illustration qui résume à elle seule la spécificité des nanomatériaux : il prend l'exemple d'un cube de matière d'un centimètre de côté, un morceau de sucre par exemple. Sa surface est de 6 cm^2. Si l'on décide de le couper en 1 000 morceaux, on obtient alors des minicubes d'un millimètre de côté, soit le dixième du côté du cube initial. Ils présentent tous ensemble une surface de 60 cm^2, soit dix fois la surface du cube initial. C'est-à-dire l'inverse du nombre par lequel on a divisé le côté du cube initial.

Continuons l'exercice en découpant notre sucre en cubes de 10 nm de côté : on obtiendrait alors un milliard de milliards de minuscules cubes, totalisant une surface de 600 m^2 ! L'équivalent d'une fois et demie la superficie d'un terrain de basket… Le tout toujours pour la même

Minicubes, maxisurfaces

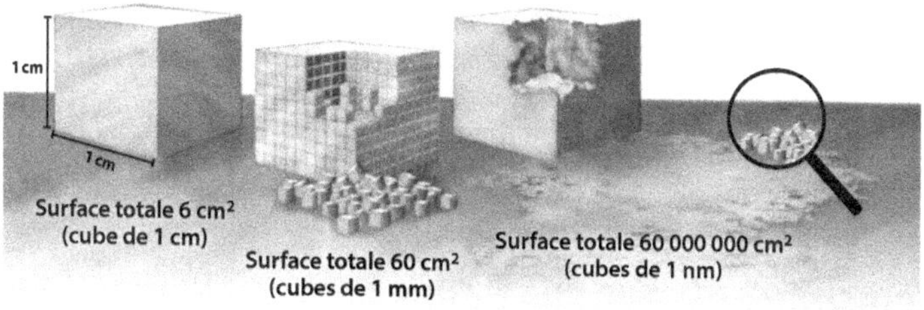

Plus un matériau est divisé en fragments, plus sa surface devient importante. Un cube de 1 cm de côté, avec ses six faces de 1 cm^2, a une surface totale de 6 cm^2. Si le même cube est divisé en minicubes de 1 mm de côté, l'ensemble présentera alors une surface de 60 cm^2. Et si l'on imagine que le cube de départ est divisé en nanocubes de 1 nm de côté, la surface exposée passera à 60 millions de cm^2. Ainsi, pour le même volume de matériau (1 cm^3), la nanofabrication permet d'augmenter la surface spécifique. Or, la réactivité chimique du matériau est proportionnelle à cette surface.

D'après www.nano.gov.

quantité (la même masse de matière) de sucre ! Si le sucre en poudre occupe un volume plus important, c'est à cause de l'air qui s'immisce entre les grains tandis que le volume de sucre n'a pas changé.

Cet exemple illustre le potentiel étonnant du monde des nanoparticules. Si l'on parvient à diviser aussi finement la matière, grâce aux techniques très sophistiquées des nanotechnologies, on obtient alors un matériau sous forme de nanoparticules dont les propriétés physico-chimiques connaissent d'importants glissements par rapport au matériau massif : une réactivité chimique exaltée, des propriétés optiques surprenantes et la faculté de se faufiler partout…

Toutes ces particularités réunies ne peuvent être exploitées sans double-jeu : avec une telle réactivité et l'aptitude de franchir les pores et les barrières biologiques, les nanoparticules peuvent être à la fois antidote et poison.

Toute la difficulté est de déterminer la part de chacun selon les utilisations, les doses et l'environnement. Or, c'est ce calcul du fameux paramètre « bénéfice sur risque » — comme pour les médicaments — qui est très difficile à effectuer.

COMMENT DÉFINIR LES NANOS ?

Pour étudier, débattre, réglementer et légiférer, il faut d'abord trouver une définition juridique des nanoparticules qui tienne compte de leurs spécificités scientifiques. Pour l'heure, ce n'est pas le cas.

Directement concernée, l'Anses (l'Agence nationale de sécurité sanitaire de l'alimentation, de l'environnement et du travail) reconnaît qu'aucune définition n'existe encore au niveau européen. Au cours du second trimestre 2018, la Commission européenne doit recueillir des propositions de définition et les soumettre à la consultation publique. En attendant, juristes et industriels doivent se contenter d'une recommandation de définition qui, faute de mieux, sert de référence notamment dans le domaine des produits alimentaires. Elle indique que pour qu'un matériau soit considéré sous forme de nanoparticules, plus de 50 % de sa masse doit être sous forme de particules ayant une taille comprise entre 1 et 100 nanomètres.

Il y a pourtant là une incohérence scientifique. Reprenons l'exemple du sucre en morceau réduit en grains, dont il est possible d'estimer l'augmentation de la surface spécifique en fonction de la dimension des particules. Le volume est proportionnel au cube du côté tandis que la surface est proportionnelle au carré du côté. Résultat, comme on l'a vu, en découpant un morceau de sucre, la surface spécifique d'un matériau en grain augmente proportionnellement à l'inverse de la taille des grains, soit 1, divisé par la taille des grains.

Ainsi, si la taille des particules varie de 100 nanomètres à un nanomètre, la surface spécifique devient 100 fois plus importante, à quantité égale ! Puisque la taille des nanoparticules intervient dans la surface spécifique, il est évident qu'on ne peut pas concevoir une même définition pour une aussi large gamme de tailles.

Par ailleurs, la valeur de 50 % n'a pas vraiment de pertinence scientifique. Dans la détermination de la surface spécifique qui pilote la réactivité des nanos, c'est bien la taille des grains qui l'emporte, peu importe que la proportion des grains soit de 49 ou de 50 %.

En attendant une définition qui recueille l'unanimité, les législateurs ne sont toutefois pas restés les bras croisés. Ainsi en France, il est obligatoire depuis janvier 2013 de déclarer, sur un registre public baptisé R-nano, toute substance produite ou importée composée de nanoparticules. Le but est de maintenir une traçabilité afin d'étudier et de suivre le devenir de ces nanoparticules. L'étape d'après serait d'intégrer les nanoparticules à la réglementation Reach. Ce dispositif de l'Union européenne demande aux entreprises d'inscrire les substances de synthèse qui entrent dans l'élaboration de leurs produits, dans le but d'en évaluer les risques et de réglementer leur utilisation. Pour l'heure, le dispositif Reach ne tient pas compte de la taille des particules qui entrent dans les substances.

Pendant ce temps, il faut continuer à accumuler des données scientifiques. Ainsi en février 2016, l'OCDE (l'Organisation de développement et de coopération économique), qui représente 30 pays regroupant 75 % du commerce mondial, a souligné l'urgente nécessité de mener des études pour comprendre le comportement à long terme des nanoparticules. C'est dans ce cadre qu'en France, le programme national Nanosciences a été lancé en 2010. Il regroupe des laboratoires et des communautés de recherche interdisciplinaires.

DES NANOS PARTOUT

En un peu plus de 20 ans, les nanomatériaux se sont faufilés partout : depuis les années 2000, le marché des produits les utilisant a doublé tous les trois ans. Aujourd'hui, plus de 2 000 produits de consommation courante dans le monde en contiennent et la tendance est à la hausse.

Leur utilisation permettra de fabriquer des capteurs bien plus sensibles, faire évoluer les propriétés des matériaux et créer de nouveaux matériaux, élaborer des médicaments plus performants et plus ciblés, ce qui diminuerait les effets secondaires. L'utilisation des nanomatériaux dans la nano-électronique permettra d'augmenter les capacités de stockage et de calcul. Mais, portés par cet élan, les nanos ont envahi des domaines entiers : on les retrouve aujourd'hui partout et même là où leur présence n'apporte pas vraiment de bénéfice. Pire même, leur intrusion massive dans l'alimentation pourrait entraîner des lésions précancéreuses (voir chapitre 3) et leur inhalation pourrait déboucher sur un scandale sanitaire comparable à celui des fibres d'amiante.

Examiner la toxicité des nanomatériaux dès lors qu'ils sont inhalés ou absorbés, évaluer leurs effets à long terme sur l'environnement et freiner leurs utilisations abusives : le bon sens serait de s'y atteler le plus vite possible pour pouvoir légiférer. Mais avant, il faut élaborer une définition précise.

2

L'ALIMENTATION À L'HEURE DES NANOS

Enfants et adolescents ne jurent que par elles : les marques. Il y a celles qui ont le vent en poupe le temps d'un été puis passent de mode à la rentrée, mais il y a aussi celles qui durent toute une génération. Les marques qui nous intéressent dans ce chapitre ne se portent pas aux pieds ni sur le dos mais elles constituent le grignotage favori des cours de récrés ou des soirées télé. Qu'on les mâchouille, avale ou suçote… elles finissent dans l'estomac. Mais là n'est que leur première destination. Et parvenir à les suivre est une autre paire de manches.

UN NOUVEAU SCANDALE DANS NOS ASSIETTES ?

En France, on ne recense pas moins de 200 marques qui contiennent des nanoparticules, et chacune d'entre elles regroupe de nombreux produits : bonbons, chewing-gums, biscuits, cassoulets, lentilles préparées, mais aussi dentifrices. Près de 10 % des nanoparticules manufacturées sont destinées à l'alimentation. Et la championne toutes catégories de cette histoire est le dioxyde de titane. Car toute mention de cet agent E171 — souvent présenté sous son nom énigmatique de colorant — suppose qu'entre 10 et 40 % du dioxyde de titane contenu dans le produit sont à l'état de nanoparticules.

Un intérêt qui laisse songeur

Ce qu'une nanoparticule est censée apporter aux bonbons et plats cuisinés n'est pas clair. Si les cosmétiques en sont de grands utilisateurs à cause de leurs propriétés d'absorption des rayons ultraviolets du soleil, nocifs pour la peau, quel est le but de leur incorporation aux aliments ? Ni goût différent, ni conservation plus longue que prévue, et aucunement une modification dans l'absorption des aliments qui pourrait par exemple réduire les allergies alimentaires ou l'indigestion. Rien de tout cela, si ce n'est pour certains produits un aspect plus séduisant : bonbons et chewing-gum immaculés. Mais que vient faire E171 dans un plat cuisiné ? En attendant cette réponse qui relève du secret de fabrication des industriels, les spécialistes s'interrogent sur le chemin qu'emprunte E171 à travers le corps et ses impacts sur notre santé.

En outre, une fois le bonbon avalé, que fait-on du papier ? Ce support visuel de communication qui devrait juste protéger et donner envie d'acheter n'est pas l'équivalent du papier journal qui servait à emballer les légumes d'antan au marché. Au fil des années, l'emballage n'est plus ce qu'il a été. Il a vu ses propriétés renforcées, est devenu actif et même intelligent et ses nouvelles facultés ne sont pas inoffensives. Tout le temps où les produits restent dans les rayons, les emballages peuvent échanger des composés chimiques avec le produit. Par ailleurs, qu'ils finissent dans le meilleur des cas dans la poubelle, au recyclage et souvent en incinérateur, le devenir de leurs composants commence tout juste à être évalué.

Une étude explosive

En janvier 2017, une publication scientifique a créé beaucoup d'émoi. Elle porte essentiellement sur les travaux menés au sein du laboratoire Toxalim de l'Inra à Toulouse. Ses auteurs, l'équipe d'Éric Houdeau, du même laboratoire, en collaboration avec le CEA (commissariat à l'Énergie atomique et aux Énergies alternatives) de Grenoble, le Synchroton Soleil et le List (Luxembourg Institute of Science and Technology, Belval, Luxembourg), n'avaient pourtant rien fait pour porter l'affaire en public. Mais l'enjeu de l'étude, financée par l'Anses (l'Agence nationale de sécurité sanitaire de l'alimentation, de l'environnement et du travail), était tel que les journaux grand public se sont emparés de la question. Pour la première fois, cette étude remettait en cause l'innocuité de l'E171 dans les aliments et concluait, sur la foi d'expériences menées sur des rats, sa responsabilité dans l'apparition de lésions pré-cancéreuses dans le côlon, une étape très précoce de la cancérisation des tissus. Loin de conclure à l'apparition de tumeurs, donc du développement vrai d'un cancer, les auteurs soulignaient pourtant que l'E171 en induisait déjà les premières étapes.

Une première ! Car jusque-là, chacun pouvait avaler tous ces produits les yeux fermés et la conscience tranquille. En effet, en 2016, l'Autorité européenne de la sécurité des aliments avait publié un avis plutôt rassurant, concluant à l'absence de risque sanitaire en ce qui concerne l'ingestion de l'E171 par le biais de l'alimentation.

Cela dit, ces résultats alarmants ne concernent que les rongeurs. Peut-on en tirer des conclusions pour les humains ? Non, et de fait, les données font cruellement défaut en ce qui concerne la santé humaine. Cependant, de l'E171, de nombreux aliments en regorgent. Déjà en 2015, Marina Vance, une chercheuse du Virginia Tech (États-Unis), avait évalué la part du dioxyde de titane dans les produits alimentaires usuels. Chewing-gums, sodas et boissons sucrées, puis bonbons occupent le palmarès : d'une manière générale, les produits en renferment entre 0,00077 et 2,10 microgrammes par milligramme. De ce fait, l'ingestion d'un paquet de biscuits — de quelques centaines de grammes — peut représenter presque un gramme de TiO_2.

Une affaire de définition

Comment réglementer les aliments qui contiennent des nanoparticules ? Il faut dans un premier temps les nommer et les quantifier. Une démarche qui paraît très banale au commun des mortels… mais qui est loin d'être acquise en ce qui concerne les nanoparticules ! Par ailleurs, comme nous l'avons vu auparavant, le raisonnement habituel des chimistes ne peut s'appliquer aux nanoparticules : les critères pour classifier et appréhender les produits à l'échelle macroscopique ne sont pas les mêmes que pour les nanos.

Rappelons que ce qui les distingue est avant tout leur réactivité de surface très élevée qui n'a rien à voir avec leur masse : en effet, plus un produit est morcelé et divisé, plus sa surface de contact augmente ! Et la réactivité croît en fonction de la surface de contact (voir chapitre 1). Pour comprendre le principe, reprenons notre dose de chocolat en poudre qui se dissout bien plus rapidement dans le lait que la même quantité sous forme de tablette ou de barre. Sous la forme de poudre, chaque minuscule bille représente une petite surface de contact mais comme il y a d'innombrables grains, la surface se trouve multipliée, et avec, la capacité de réaction. On l'a vu, l'activité des nanoparticules croît en raison inverse de leur taille. Sans indication sur celle-ci, la proportion de poudre que contient le produit peut n'être qu'une indication peu pertinente.

Or, aujourd'hui encore, en vertu de la recommandation 2011/696/EU de la Commission européenne, ces nanobilles à base de titane qui entrent dans les plats cuisinés ne sont pas considérées comme des nanomatériaux. En effet, pour cela il faudrait que le matériau contienne des particules uniques ou agglomérées et qu'au moins 50 % de la poudre soient formés de particules de taille inférieure à 100 nanomètres. Une définition si restrictive exclut purement et simplement notre acteur principal de la catégorie des nanomatériaux ! Car aujourd'hui le TiO_2 utilisé dans la nourriture est à plus de 50 % sous forme compacte ! Selon les usages et les lots du commerce, il est composé seulement de 10 à 40 % de nanoparticules. Ce qui n'en fait pas officiellement un nanomatériau.

Et pourtant, même pour une faible proportion de nanoparticules, la réactivité de surface de ces nanobilles demeure importante ! La définition officielle des nanoparticules comporte donc un énorme hic : leur particularité essentielle n'a pas été prise en compte. Le règlement INCO n° 1169/2011 relatif à l'information des consommateurs sur les denrées alimentaires est plus restrictif : si une dimension apparente et une seule est inférieure à 100 nm, alors tout le produit est considéré comme nano… ce qui signifie une absence totale de seuil. Ainsi, c'est un halo de confusion qui entoure la reconnaissance de ce qui peut être appelé nanoparticules. Ce qui n'empêche pas petits et grands de les avaler et ce qui n'influe en rien sur le devenir de ces minus dans l'organisme — quel que soit le nom qui leur est attribué !

De même, certains agrégats n'entrent pas dans la définition des nanoparticules. En effet, leur diamètre est légèrement supérieur à la définition officielle. Pourtant ils présentent des propriétés similaires à celles de leurs cousins de très petite taille. De nouvelles réflexions européennes tendent à assimiler ces agrégats à des nanoparticules. Ils feraient partie de ces « nouveaux aliments » (*novel food* en anglais) qui étaient absents dans l'alimentation des Européens avant le 15 mai 1997 et qui sont en cours d'évaluation par les services de l'Autorité européenne de la sécurité des aliments. En attendant cette échéance, chaque année, le nombre de produits contenant des nanoparticules augmente…

Au cœur des aliments

Dans cette aventure, TiO_2 semble tenir le rôle principal. Cependant, quoique le minus mène le jeu, il possède nombre de cousins de la même taille que lui. Parmi les 300 additifs qui sont souvent moins connus, tentons une petite présentation des membres qui se glissent le plus souvent dans les aliments.

E559 est du silicate d'aluminium. C'est une poudre fine qui permet de réussir la sauce et la soupe. En effet, sa présence empêche la formation de grumeaux dans les préparations culinaires. Par ailleurs, une pincée d'E559 entre des tranches de fromage permet de les séparer facilement. Mais en contrepartie de ces petites astuces de cuisine, de graves suspicions pèsent sur ses épaules : son aluminium est soupçonné — le sujet est encore discuté — d'activer des dérèglements cérébraux de type

Alzheimer et Parkinson. Il pourrait aussi porter atteinte à la fonction reproductrice.

E551 est le dioxyde de silicium. Si le sel et le sucre s'écoulent harmonieusement de leur paquet, sans faire de grumeaux, c'est bien grâce à lui. Il fixe l'humidité et empêche l'agglomération. Dans les glaces, sauces et plats surgelés, il agit sur l'onctuosité.

E174, du nano-argent, rend plus appétissants — pour les yeux — pâtisseries et chocolats, une question de décoration.

Tandis que sans E172, nanoparticule d'oxyde de fer, les saucisses seraient bien pâlottes et les charcuteries perdraient de leur éclat.

Quant à leur éventuelle toxicité… mystère et boule de gomme ! Ne disposant pas d'études sérieuses sur l'impact à long terme de ces ingrédients sur la santé humaine… pour l'instant, les industriels font le pari de leur innocuité.

Absorption ou élimination ?

Voilà notre TiO_2/E171, à la surface des billes de bonbons, sur le point d'être avalé. L'équipe d'Éric Houdeau l'a suivi de près dans l'estomac des rats. Les rongeurs en ont ainsi ingurgité environ 10 mg/kg/jour, mélangé à de l'eau, pendant une semaine ou 100 jours. Un dosage qui est similaire à ce qu'absorberait un consommateur moyen ne faisant guère attention à son alimentation et ne prenant aucune mesure de protection. Il s'agit même d'une quantité moyenne puisque le taux d'absorption chez les humains varie de 2-3 mg à 30 mg/kg/jour. Le taux élevé concernant plus spécifiquement les enfants qui abusent de bonbons ou encore qui par mégarde avalent du dentifrice, lui aussi riche en E171.

Résultat : plus de 99 % de ces nanos se trouvent dans les déjections (le destin de ces dernières sera abordé au chapitre sur l'environnement)... Mais il y a ce 1 % qui ne prend pas cette voie naturelle. Et c'est cette petite proportion de particules qui va agir sur l'organisme.

Le parcours d'E171

Comment suivre la progression de cette substance à travers le corps ? En sacrifiant et disséquant progressivement les rats. Au bout d'une semaine, la faible portion de TiO_2 qui n'a pas été éliminée a déjà infiltré les cellules de la paroi de l'intestin grêle et du côlon. Les chercheurs ont constaté que les noyaux des cellules immunitaires contenaient des nanoparticules. Ce qui provoque un déséquilibre des réponses immunitaires. Si cette décoction de dioxyde de titane continue à être avalée pendant 100 jours, les rats présentent des signes précurseurs de la cancérogénèse colorectale.

Au bout de 100 jours, 40 % des animaux sains ont développé des « lésions précancéreuses non malignes sur l'épithélium intestinal dans le côlon ». Chez les rats qui avaient déjà développé des cancers, « les lésions observées présentent une croissance accélérée ».

Pendant ce temps, une cohorte d'animaux non exposés — c'est-à-dire nourris de la même manière que leurs congénères mais sans ingestion de dioxyde de titane — n'a pas développé de lésion. Ce groupe témoin prouve ainsi qu'il n'y avait pas d'autres facteurs de risque dans l'alimentation donnée aux rongeurs.

Ainsi pour la première fois, une expérience *in vivo* a démontré que l'ingestion de nanoparticules de dioxyde de titane a un effet sur les fonctions immunitaires des rats et sur le développement de lésions précancéreuses.

Si la barrière intestinale est franchie, une partie des nanos se retrouve dans le foie et rejoint ainsi la circulation sanguine.

Comment étendre ces résultats aux humains ? Les auteurs de l'étude reconnaissent qu'il n'est pas possible d'extrapoler les résultats obtenus chez les rats à l'homme. Les lésions précancéreuses n'évoluent pas forcément vers la formation de cellules cancéreuses. Néanmoins ils incitent fortement à des travaux supplémentaires.

Une décision temporaire

En septembre 2016, l'Efsa (l'Agence européenne de la sécurité alimentaire) a procédé à une réévaluation des additifs et colorants alimentaires. Une sorte de réexamen de la longue liste des additifs qui avaient été autorisés en 2009, le tout à la lumière des publications scientifiques les plus récentes. Sauf que… les études concernant les effets des nanomatériaux sur l'humain sont rares. Pour l'instant, les faibles données toxicologiques n'ont pas révélé d'effet nocif sur la santé humaine lors de l'ingestion des nanoparticules. De ce fait, l'Agence souligne la nécessité d'orienter les recherches dans ce domaine particulier, notamment en ce qui concerne les effets sur l'appareil reproducteur.

C'est à la lumière de nouvelles études qu'elle va pouvoir déterminer une dose journalière admissible à ne pas dépasser. Une future évaluation est attendue en 2020. D'ici là, les instances décisionnelles de l'Europe comptent sur les chercheurs ! Mais les résultats de l'équipe de l'Inra n'ont pas empêché les autorités nationales de saisir l'Anses pour une réévaluation de l'impact du dioxyde de titane. En effet, la décision de l'Efsa est antérieure aux résultats de l'équipe d'Éric Houdeau. Ces effets n'avaient pas été identifiés auparavant.

En attendant que de nouveaux travaux de recherche soient réalisés, l'Anses a soumis en 2016 une proposition à l'Agence européenne des produits chimiques (ECHA) : classifier le dioxyde de titane comme substance cancérogène par inhalation dans la catégorie 1B — c'est-à-dire substance dont le potentiel cancérogène pour l'être humain est supposé (et non pas suspecté, ni avéré).

Toutefois, le 9 juin 2017, la commission de l'ECHA n'a pas retenu cette proposition mais a conclu que le TiO_2 remplit les critères pour être classé comme « soupçonné de causer le cancer » (catégorie 2, par inhalation). La catégorie 2 étant moins sévère que la 1B. Or, en matière d'évaluation des produits, l'échéance attendue par tous les industriels est fin 2018. D'ores et déjà, le gouvernement a annoncé interdire d'ici la fin de l'année l'emploi du TiO_2 dans les produits alimentaires en France. Mais au rayon des médicaments et cosmétiques, tout reste à faire. Si sa dangerosité potentielle ou avérée est démontrée, alors le produit sera soumis au règlement Reach. C'est un règlement du parlement européen ainsi que du Conseil de l'Union européenne, adopté le 18 décembre 2006, qui impose un système unique d'enregistrement, d'évaluation et d'autorisation des substances chimiques utilisées au sein de l'Union européenne. Mais l'évaluation de ces produits implique que les risques en soient évalués et mentionnés. La mention concernera donc les usages industriels et non alimentaires. Pour le reste, il faudra encore être patient et disposer d'études ayant suffisamment de recul sur l'ingestion du TiO_2 par l'homme. De plus, la règlementation Reach ne distingue pas la taille. Macro et nano se retrouvent ainsi dans le même lot. Nos minus seront donc confondus dans un registre qui englobe tous les produits soumis à une législation particulière à cause de leur caractère potentiellement dangereux pour la santé humaine ou l'environnement.

En France, l'initiative R-nano menée par le ministère de l'Écologie, du Développement durable et de l'Énergie avec l'Anses tente de combler cette lacune. Il s'agit, pour les fabricants, distributeurs et importateurs de plus de 100 g de substances à l'état de nanoparticules, de faire une déclaration de substance sur le site R-nano. Cette déclaration s'effectue sans distinction du domaine. Santé, alimentation, cosmétique, articles de sport ou produits ménagers, chacun de ces secteurs de consommation peut utiliser des nanoparticules. Ce qu'il adviendra de cette liste est une question qui n'a pas encore de réponse précise. Mais il s'agit dans un premier temps de répertorier les nanoparticules et d'évaluer leurs effets au moment de l'entrée en vigueur du règlement Reach.

LES EMBALLAGES DU XXIe SIÈCLE

Jusqu'il y a quelques décennies, le produit et l'emballage pouvaient être considérés comme deux entités indépendantes, et les analyses sur l'innocuité des aliments n'étaient fondées que sur le contenu. Les emballages ne constituaient pas matière à réflexion… sauf pour un cadeau. Mais c'était sans compter sur les innovations de ces dernières années en la matière.

Des emballages qui ont plus d'un tour dans leur sac

L'équipe de Stéphane Peyron, enseignant à l'université de Montpellier et chercheur au laboratoire IATE (Ingénierie des agropolymères et technologies émergentes) tente d'évaluer l'impact de ces contenants sur les contenus. Depuis les années 2000, les emballages ne sont plus ce qu'ils étaient. Ils sont devenus actifs et même intelligents... Trois niveaux d'innovations les ont rendus méconnaissables aux yeux de l'épicier d'antan.

Tout d'abord, ils ont des propriétés mécaniques renforcées. Le marchand a beau déplacer, empiler et malmener les produits, les paquets ne se déchirent plus et continuent à protéger le contenu. De plus, ils constituent une barrière quasi étanche afin d'éviter que l'oxygène ambiant vienne oxyder et flétrir les fruits et légumes enveloppés. C'est ainsi que sous ces nouveaux emballages, les fraises restent sans se flétrir pendant des semaines.

D'autres sont un peu plus sophistiqués. Ils sont même qualifiés d'actifs. Ils empêchent la maturation trop rapide des fruits et légumes en captant l'éthylène que ceux-ci émettent au cours de leur maturation. Pommes, kiwis, bananes, avocats et jusqu'aux fleurs fraîches coupées voient ainsi leur durée de vie allongée. D'autres actifs encore absorbent l'oxygène qui se serait glissé sous l'emballage.

Enfin, il y a le nec plus ultra de l'enveloppement qui est capable de mesurer, quantifier et informer le consommateur. Toutes ces qualités justifient l'appellation d'emballages intelligents. Ainsi des indicateurs peuvent informer le consommateur sur les conditions de conservation des fruits et légumes, sans compter que des capteurs peuvent mesurer d'éventuelles contaminations bactériennes du produit.

Ces nouveaux emballages devraient mieux protéger l'aliment et par conséquent le consommateur et, dès les années 2000, des entreprises spécialisées — essentiellement coréenne et japonaises — se sont lancées dans leur production intensive.

Le secret de l'emballage nouveau

Sauf que pour accomplir toutes ces tâches, le film plastique qui enveloppait le produit s'est enrichi d'ingrédients de taille nanométrique. Prenons par exemple le film indestructible, celui qui protège les fruits des chocs mécaniques même si le paquet dégringole de la table de la cuisine. Il contient des nanoparticules inorganiques, parfois des nanofeuillets d'argile. Ceux-là mêmes qui servent à faire des masques de beauté au naturel et dont le nom géologique est montmorillonite — en référence au village de Montmorillon où cette argile a été identifiée pour la première fois. Sa structure en feuillets agit comme un grillage qui renforce l'emballage.

Quant aux emballages actifs, déjà sur le marché français, ils contiennent des nanoparticules d'argent, qui se comportent en agent antimicrobien. Le dioxyde de titane, notre fameux TiO_2, est aussi présent, au vu de toutes ses facultés : dépolluant de surface, il préserve aussi l'aliment de l'exposition à la lumière

Et enfin, qui l'eut cru ? Certains emballages intelligents contiennent des nanoparticules d'or... Elles agissent comme des mouchards pour la chaîne du froid. Lorsque la température augmente, elles forment des agrégats par diffusion et changent de couleur. Ainsi, si la chaîne du froid est rompue, c'est l'emballage qui révélera cette entorse aux règles de bonne conservation alimentaire.

Dans un futur proche, ce sont des puces RFID — de l'anglais *Radio-Frequency Identification*, soit en français, identification radiofréquence, un système qui peut être interrogé à distance — qui viendront équiper les emballages : associées à des nanocapteurs, elles offrent une traçabilité du produit.

Emballages de seconde génération

Aujourd'hui, les acteurs de ces emballages sont asiatiques et nord-américains. En Europe, les choses ont beaucoup traîné et la législation n'est arrivée qu'en 2009. Mais cette réglementation est très restrictive car elle vient s'inscrire en creux de la réglementation asiatique : seul l'emploi de certaines nanoparticules est autorisé. Le reste est donc purement et simplement interdit.
L'esprit de la réglementation asiatique est à l'opposé : certaines familles de nanoparticules sont interdites. En dehors de ce cercle de produits interdits, il est autorisé d'en tester d'autres et de s'en emparer comme ingrédients pour les emballages. À cause de cette différence d'approche, le marché des emballages de seconde génération est presque exclusivement asiatique.

Une fois le produit consommé, l'emballage commence sa seconde vie… qui débute dans la poubelle et finit au mieux dans une déchetterie, au pire dans la nature. Or, pour que les emballages se dégradent rapidement en pleine nature, et correspondent aux normes biodégradables, il faut faire appel encore aux nanoparticules. Certaines d'entre elles améliorent les propriétés de biodégradabilité des plastiques.

Certes, le secteur de la préservation des aliments n'y voit que des bénéfices mais l'intrusion de ces minus dans des emballages suscite plusieurs questions. D'abord, d'où viennent-ils ? Sont-ils efficaces ? Que deviennent-ils vraiment dans la nature ? C'est le moment de se faire lilliputien et de s'enfoncer dans un univers d'à peine une poussière. C'est là que se passe l'essentiel de cette romance à trois temps : contact, migration et mélange. Du moins, cette aventure peut être ainsi présentée par ceux qui l'analysent.

La valse à trois temps

Pour y voir clair, il faut s'intéresser aux échanges physico-chimiques qui peuvent avoir lieu dans une épaisseur d'à peine un millimètre, là où l'emballage se trouve en contact avec le contenu et, en même temps, garder un œil sur les conditions qui sévissent au sein de ce petit film protecteur. À quelle température est maintenu le produit ? Combien de temps restera-t-il en rayon avant d'être acheté et consommé, ce qui détermine la durée de contact ?

Au cours du temps, les nanoparticules peuvent migrer : quitter l'emballage pour aller vers le produit. Mais certaines d'entre elles pourraient être encore plus sournoises : non seulement elles migreraient mais elles inciteraient d'autres composés à se déplacer. Ces derniers ne sont pas des nanos mais peuvent ne pas être plus innocents. Certains sont classés comme cancérigènes ou bien sont des perturbateurs endocriniens dont l'action a été démontrée[7].

Théoriquement, la migration implique deux conditions : le contact prolongé et la mobilité propre à chaque nanoparticule. Si le contact est prolongé, les nanoparticules peuvent diffuser dans le matériau d'emballage. Il y a des paramètres qui favorisent cette diffusion : la température, le temps de contact et la concentration des nanoparticules. Une fois diffusées, certaines peuvent présenter une affinité chimique avec les éléments du produit. En particulier si ce dernier est riche en graisse. Parmi les nanoparticules de ces nouveaux emballages, certaines sont en effet des molécules hydrophobes. Elles n'ont pas d'affinités avec l'eau et préfèrent ainsi l'huile…

---

7 Xuefei L., *et al.*, 2013. Nanotoxicity: A growing need for study in the endocrine system. *Small.*

Elles migrent donc spontanément vers le corps gras des plats cuisinés.

Il reste encore à évaluer la mobilité de chaque nanoparticule et à en tirer des conséquences sur chaque catégorie d'emballage. Un travail de longue haleine qui a débuté avec la constitution de Serenade, en 2012. Cet acronyme anglais signifie *Safer Ecodesign Research and Education applied to NAnomaterial DEvelopment*, soit Recherche et formation appliquées à la conception plus sécurisée des nanomatériaux. Pas moins de treize groupes de recherche interdisciplinaire composés de physiciens, chimistes, biologistes et toxicologues travaillant dans des laboratoires européens. Le défi est immense : évaluer toute la chaîne d'utilisation des nanomatériaux depuis la production jusqu'à la fin de vie, au recyclage et traitement des effluents qui les recueillent. Un travail de fourmi qui court sur huit ans et nécessite des équipements de très haute technologie, car il s'agit de mesurer les quantités de nanoparticules présentes dans des produits, ce qui est un défi pour l'analyse.

La barrière des quatre nanomètres

Les premières mesures sur les nanos effectuées par Serenade ont créé la surprise. Pour commencer, mieux vaut être lilliputien parmi les minus pour migrer. Ainsi toutes les nanoparticules dont la taille dépasse 4 nm n'y parviennent pas ! Ou alors très difficilement : il faut que le temps de contact dure… 450 ans pour quitter l'emballage et parvenir au sein du produit. Ce sera le cas d'une molécule sur un million ! Un résultat plutôt rassurant, car celles qui ont une taille inférieure à 4 nm ne sont vraiment pas nombreuses !

Seulement il y a un autre phénomène qui pourrait changer leur sort : l'emballage peut être lui-même malmené, tiraillé, tordu, déchiré… et cette sollicitation mécanique le fragilise et favorise la migration des plus grosses que 4 nm. De la même manière, quelques autres pistes doivent être examinées. Par exemple, la forme de la nanoparticule intervient aussi dans sa mobilité. Bien ronde, elle se déplace plus facilement.

Les deux faces de l'effet barrière

L'autre résultat des études minutieuses des nanoparticules des emballages concerne leur coup de pouce éventuel pour entraîner des molécules cancérigènes ou des perturbateurs endocriniens du côté de l'aliment. Elles agiraient ainsi comme une sorte de facilitateur de migration. Or les résultats de l'évaluation ont montré qu'elles constituent plutôt un frein. Si la nanoparticule se lie au composé, tous deux forment un ensemble bien plus gros... qui ne peut pas passer.

Ainsi l'effet des nanoparticules sur les autres composés nocifs présents dans les emballages est plutôt rassurant. Elles constituent une barrière qui freine la diffusion des plus grosses molécules qui pourraient être cancérigènes ou se comporter en perturbateurs endocrinien. L'effet barrière permet donc de préserver les aliments des autres contaminants aux effets indésirables.

Sauf que l'effet barrière a un revers. La capacité de retenir la migration des molécules nocives joue contre la dégradation de l'emballage lorsque celui-ci devient déchet. Ainsi, dans certains cas, à cause de la présence de nanoparticules, les emballages ne parviennent pas à se dégrader de manière efficace.

Encore que la vie du déchet est bien plus complexe. Certains se retrouvent dans un environnement relativement chaud. L'effet barrière joue alors à fond : molécules et nanoparticules se combinent et ne parviennent pas à migrer dans le sol pour que la dégradation de l'emballage ait lieu. Mais si celui-ci se retrouve dans un environnement à basse température, les choses se passent autrement. Molécules et nanoparticules restent dissociées et parviennent à migrer chacune plus facilement, ce qui favorise la dégradation de l'emballage devenu déchet.

Le bilan de l'emballage

Finalement, la question que pose l'effet barrière est plus complexe. Vaut-il mieux préserver l'aliment ou l'environnement ? En freinant la migration de molécules cancérigènes grâce à l'ajout de nanoparticules, les aliments sont préservés. Mais l'emballage ne sera pas dégradé dans l'environnement. Un bien pour un mal ou vice-versa, dont il faut évaluer le bénéfice/risque au cas par cas.

En tenant compte des connaissances actuelles, l'effet des nanos dans les emballages peut être évalué comme globalement neutre reconnaissent les spécialistes… jusqu'à nouvel ordre. Car de grandes inconnues persistent pour clore cette étude : nul n'a encore totalement modélisé le comportement des nanoparticules dans les emballages d'un bout à l'autre de la chaîne, depuis la fabrication jusqu'au recyclage ou la dégradation.

En définitive, le jeu des emballages dopés aux nanos en vaut-il la chandelle ? Sont-ils performants quant aux attentes concernant les produits emballés ? Rallongent-ils réellement la durée de vie du produit ? Alertent-ils plus efficacement sur la fraîcheur du produit ? L'ensemble de ces questions devra aider à déterminer une échelle bénéfice/risque pour l'utilisation de chaque nanoparticule. Mais c'est un chantier de longue haleine qui ne fait que débuter.

3

AU CŒUR DES CELLULES

Jusqu'aux premières décennies du XVIIIe siècle, la médecine se basait encore sur l'enseignement de Claude Galien (IIe siècle), le plus célèbre médecin de l'Antiquité après Hippocrate qui avait vécu six siècles avant lui. Galien utilisait la théorie du grand Aristote (IVe siècle av. notre ère) pour guérir les affections tout en continuant à attribuer le rouge du sang à la présence du Pneuma, souffle de la vie, et les maladies à un déséquilibre des humeurs — biles jaune et noire, flegme et sang qu'il fallait extraire grâce à des saignées pour assurer la bonne marche de l'organisme. Galien le premier a introduit la raison et l'expérience dans le diagnostic des maladies.

En moins de trois siècles à peine, les médecins sont devenus capables d'établir des relations de cause à effet, fondées sur des bases scientifiques. D'identifier des microorganismes invisibles à l'œil nu, vecteurs de nombreuses maladies. Aujourd'hui, c'est encore un nouvel horizon qui se profile : ils sont en passe de prévoir des affections dont les symptômes ne se sont pas encore manifestés, en cherchant la présence de quelques molécules annonciatrices. Ils peuvent cultiver des tissus qui vont prendre place au cœur même du vivant ou encore suivre l'évolution d'une seule cellule à laquelle ils dispensent de très faibles quantités de produits actifs. Au cœur de toutes ces innovations, il y a les fantastiques propriétés des nanoparticules.

DE L'ART DE SAUPOUDRER

Les chefs des restaurants gastronomiques, lieux de haute cuisine, lancent parfois des défis à leurs apprentis : par exemple, que seule la framboise centrale d'une tarte aux fruits soit recouverte de sucre. Quelle lubie ! se lamentent les élèves qui ne voient pas vraiment l'intérêt de se concentrer sur un centimètre carré de cette surface appétissante, vu que fruits, framboise, sucre et pâte vont bien se mélanger à chaque bouchée. Le bec verseur ayant une largeur de 1 cm, il est impossible de recouvrir de sucre une seule framboise… sauf à construire un instrument adéquat à bout très fin qui ne laisse passer qu'un flux minuscule de sucre, comme le goulot central d'un sablier.

À bon ouvrier, bon outil

Il y a une leçon à tirer de cette petite aventure culinaire. Elle est très simple et universelle, s'appliquant à tous les champs scientifiques. Les physiciens l'exprimeraient ainsi : il faut adopter une longueur d'onde d'investigation similaire à la taille de l'objet observé. Et l'outil adapté à saupoudrer avec précision une petite framboise ne peut posséder un bec trop large. De la même manière, une minivaguelette à la surface de l'océan ne perturbera aucunement le gros paquebot mais emportera la crevette, qui possède précisément la taille de la vaguelette !

Or, jusqu'à la fin des années 1960, les thérapeutes ont été dans la même situation que l'apprenti pâtissier. Ils n'avaient aucun instrument suffisamment fin pour acheminer le médicament jusqu'à la tumeur cancéreuse formée d'une poignée de cellules dont la croissance devient anarchique. Résultat : une grande partie du principe actif se perdait à travers l'organisme, « saupoudrant » aussi les tissus sains. Un véritable gâchis ! Et un immense problème : celui des dégâts collatéraux dus aux effets secondaires. Ce défi est aujourd'hui en passe d'être relevé par les nanoparticules et leur utilisation dans le domaine des médicaments et de la santé.

Dans la peau d'un comprimé

Blanc comme un cachet d'aspirine, Mister Médoc attend tranquillement dans sa coquille de cellophane qu'une bouche pâteuse dans un visage chagrin daigne l'avaler. Mais il ignore tout encore du monde qu'il va affronter.

Car une fois franchi le gosier, emporté par un courant d'eau, c'est un environnement très complexe qui l'attend. Les lois qui gouvernent ce monde-là sont tout droit sorties d'épais ouvrages universitaires : des affinités chimiques, des effets de charges électriques, une affaire d'acide-base et de pH, donc une facilité à donner ses électrons ou en grappiller. Bref, une foule d'aléas qui pourraient faire échouer sa mission.

Mister Médoc va devoir affronter des barrières naturelles, comme des membranes cellulaires qu'il pourra ou non franchir. Si la molécule qui entre dans sa constitution a une masse trop élevée, elle restera bloquée derrière la muraille cellulaire. Ou alors si elle présente une grande affinité avec l'eau — et présente par conséquent un comportement hydrophile — là aussi, la porte restera fermée. La simple cellule possède ses gardes-frontières difficiles à soudoyer.

Mais le danger peut survenir aussi de l'organisme lui-même. Avant même que le valeureux Médoc ne dépose sa précieuse charge, celle-ci peut être dégradée par les enzymes et le système de défense de l'organisme. Les premières sont chargées de couper les grosses molécules, par exemple lors de la digestion. Alors si par mégarde la route d'une de ces enzymes croise celle de notre héros, il sera illico tranché menu. Transformé en fragments de molécules, il perdra tout ce qui constituait son charme. En un mot, il deviendra inactif.

Le second est le système immunitaire de tout vivant qui contient des anticorps dont le rôle est justement de repérer les intrus et lutter activement contre eux. Avec son look hors du commun, notre agent secret sera très vite repéré. Sans compter les effets pervers des caractéristiques physicochimiques des tissus. S'ils sont trop accueillants chimiquement, Mister Médoc n'ira pas plus loin, déposant son fardeau directement là où ça lui convient.

Tout cela est bien fâcheux ! Car le but premier de cette aventure était justement de délivrer quelques molécules actives à la bonne cellule, parfois enfouie au beau milieu de l'organisme. D'où l'idée de concocter un colis minuscule, capable de renfermer le principe actif, franchir les barrières cellulaires avant de parvenir à bon port, c'est-à-dire par exemple à la cellule cancéreuse. D'une manière générale, il y a la cellule-cible et des barrières à franchir afin de déposer le produit actif. Dans le rôle du facteur, celui qui déposerait la substance active, le liposome, la première des nanoparticules œuvrant pour la santé, appelée aujourd'hui « nanovecteur de première génération ».

LE LIPOSOME, NANOMESSAGER

Une petite bille de 100 nm, soit environ 70 fois plus petite que les globules rouges, serait donc capable de remplacer efficacement Mister Médoc. Sous son allure lisse — aucune molécule ne vient se coller à sa surface — le liposome est une imitation des membranes biologiques. À la base de son génie, une double couche de phospholipides, les mêmes molécules qui forment la membrane cellulaire.

Des nanocapsules médicamenteuses

Ces grosses molécules de lipides (de matière grasse) ont un côté qui raffole de l'eau avec leur tête hydrophile, tandis que l'autre côté, formé d'une chaîne de molécules aliphatiques, est hydrophobe (il repousse l'eau et se dissout dans l'huile). Lorsqu'une goutte d'huile s'infiltre dans l'eau — comme c'est le cas dans de nombreuses préparations culinaires comme la mayonnaise —, les phospholipides s'associent pour entourer l'huile de leur pôle hydrophobe tandis que leur tête baigne dans l'eau. Autour d'une goutte d'eau qui cheminerait dans l'huile ou tout autre solvant organique, les phospholipides s'orientent dans le sens inverse. L'existence de ces molécules dotées d'un pôle hydrophile et d'un autre hydrophobe explique de nombreuses configurations chimiques depuis la vinaigrette jusqu'aux membranes biologiques.

La particularité des liposomes est d'en posséder deux couches. Se plaçant tête-bêche, les phospholipides gardent leur tête hydrophile à l'intérieur et à l'extérieur de la sphère. Résultat : une minisphère creuse qui peut contenir un produit actif. C'est elle qui partira à l'assaut de l'organisme. Grâce à sa petitesse, elle peut être injectée en intraveineuse et circuler dans le sang. Mais tout en circulant, les liposomes se parent de protéines présentes dans le plasma sanguin : les opsonines. Habituellement, ces protéines se fixent aux bactéries pour les rendre reconnaissables par le système de défense immunitaire de l'organisme et de ses cellules, les macrophages. Ces cellules qui appartiennent aux globules blancs sont capables de « phagocyter », c'est-à-dire d'entourer et détruire les agents pathogènes. C'est ainsi que les bactéries se trouvent isolées puis digérées. Or, les macrophages pullulent là où l'organisme est précisément exposé aux agents pathogènes : foie, poumons, ganglions… En cas d'injection intraveineuse des liposomes, ce sont les macrophages du foie qui les reconnaissent en premier. De ce fait, les liposomes s'accumulent dans le foie et délivrent là leur précieuse cargaison… qui n'était pas forcément destinée au tissu hépatique ! Mais les biologistes ont su composer avec ces contraintes. Ils ont utilisé ces liposomes justement pour agir sur le tissu hépatique et s'attaquer ainsi aux métastases des cancers du foie.

En 2006, un premier traitement à base de nanoparticules a été évalué à partir des tests sur les animaux ayant développé un cancer du foie[8]. Un médicament de la famille de l'anthracycline a été administré sous sa forme traditionnelle à la moitié d'une population animale et le même produit sous forme de nanoparticules a été injecté à l'autre moitié.

La prise traditionnelle a diminué le nombre de métastases mais au fur et à mesure que les doses ont été augmentées, certains animaux ont perdu la vie à cause de

8 www.mediachimie.org/sites/default/files/chimie_105.pdf.

Comment nano-encapsuler un médicament ?

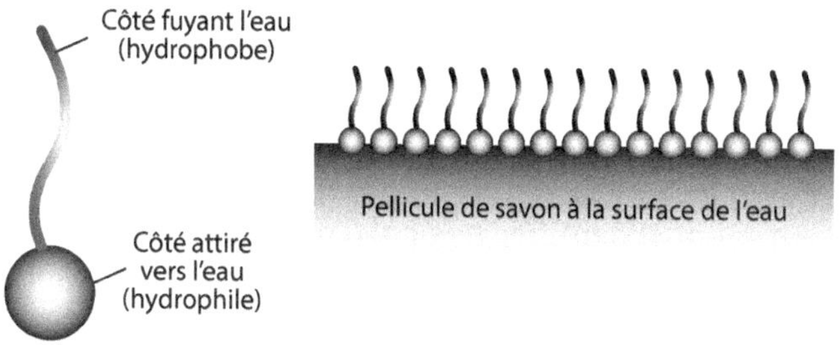

Certaines molécules (comme les lipides ou encore le savon) sont amphiphiles ou amphipolaires : elles possèdent un pôle hydrophobe (fuyant l'eau) et un pôle hydrophile (attiré par l'eau). C'est pourquoi les molécules de savon se positionnent ainsi à la surface de l'eau.

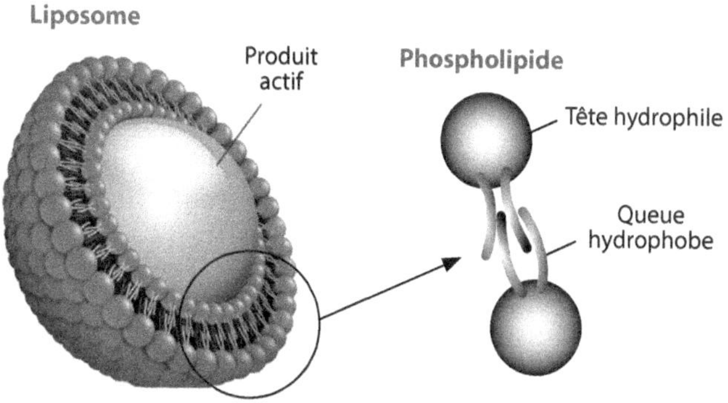

Cette propriété permet aux phospholipides, qui présentent une structure similaire à celle des molécules de savon, de s'orienter en double couche et de former les parois d'une vésicule artificielle, appelée liposome. Dans un milieu aqueux, cette structure reste stable et peut contenir et transporter un produit actif, comme un médicament.

la toxicité du produit. Lorsque les mêmes doses ont été injectées, mais cette fois-ci avec des nanoparticules, la quasi-totalité des métastases a disparu tout en évitant les effets toxiques. Ce premier succès attend d'être confirmé au cours des prochaines décennies.

Cette nanoparticule, dont le cheminement est difficile à contrôler ailleurs que dans les tissus hépatiques, a été baptisée nanovecteur de première génération.

Nanoparticules furtives

Comment acheminer nos colis nanométriques jusqu'à un paquet de cellules au sein d'un organe interne tout en contournant les défenses du foie ? C'est à une telle question que les pharmaciens du nanomonde ont tenté de répondre.

Comme les liposomes entraînent avec eux les opsonines qui les mènent tout droit en direction du foie, il faut ruser pour contourner cet organe. Il faut donc repousser ces fameuses opsonines qui viennent se coller aux liposomes. Pour cela, les spécialistes ont décidé d'y accrocher des molécules capables de repousser les opsonines… le tout avec la complicité de la chimie bien sûr ! Il suffit de placer des chaînes de polymères hydrophiles et flexibles à la surface des liposomes. Grâce à ces « antennes » qui se mettent désormais à la surface du liposome, notre paquet passe inaperçu pour les opsonines et de fait, parvient à contourner le foie. Il est ainsi appelé « furtif » — autrement dit invisible pour le foie —, un adjectif d'habitude réservé à certains avions de l'industrie aéronautique et de la défense.

À cause de cette furtivité par rapport au foie, les « nanovecteurs de seconde génération » peuvent ainsi se retrouver plus longtemps dans le sang. Mais circuler indéfiniment de cette manière ne change pas vraiment leur action… Sauf que ces nanoparticules « exploitent » les faiblesses des cellules malades. En effet, dans la plupart des tissus sains, les vaisseaux sanguins possèdent ce qu'on appelle un endothélium vasculaire jointif. Pour comprendre cette expression, commençons par la décortiquer mot par mot. Les cellules endothéliales représentent la première barrière cellulaire à traverser lorsque les nanoparticules sont dans la circulation sanguine après injection intraveineuse. Leurs jonctions intercellulaires sont si serrées qu'aucun intrus ne peut y pénétrer. Même nos nanoparticules ne passent pas à travers. Et c'est tant mieux ! Car les tissus sains qu'ils irriguent n'en ont pas besoin. À l'inverse, les vaisseaux qui irriguent les tissus cancéreux présentent une réaction inflammatoire. À cause de cette inflammation, leur endothélium n'est pas vraiment jointif, ce qui permet une perméabilité vasculaire. Résultat : les nanoparticules chargées de principe actif peuvent traverser l'endothélium vasculaire enflammé pour parvenir aux tissus cancéreux. Ainsi la réaction inflammatoire qui accompagne les cellules malades contribue au bon cheminement de ce nanovecteur de seconde génération.

Les tests en laboratoires ont réussi à valider cet effet. Leur injection s'est traduite par la présence massive de ces nanoparticules dotées d'antennes dans les tumeurs. Précisons cependant qu'il s'agit là de résultats sur les animaux, et les essais chez l'homme montrent une très grande variabilité en fonction des patients. Mais le fait de profiter des parois vasculaires en « passoire » dues à l'inflammation ouvre d'autres perspectives. En effet, il n'y a pas que les cancers qui sont liés à une réaction inflammatoire. D'autres affections peuvent ainsi être traitées et là aussi les tests en laboratoire montrent que les nanovecteurs dotés d'antennes se concentrent dans les tissus qui présentent une inflammation.

Nos microscopiques paquets discrets arrivent-ils pour autant à destination, là où ils doivent délivrer leur précieux médicament ? À cette question, les pharmaciens pourraient répondre « presque ». Pour comprendre, il nous faut chausser d'épaisses lunettes et regarder de plus près les tumeurs. On y verrait des cellules cancéreuses et l'espace intercellulaire qui les sépare. Or, pour des raisons d'équilibre chimique, c'est là, entre les cellules, que le nanovecteur de seconde génération dépose son fardeau… en quelque sorte à la porte de la cellule-cible et non pas à l'intérieur !

Greffe de têtes chercheuses

Comment les nanovecteurs transportant leurs précieux produits actifs, déjà dotés d'antennes pour devenir furtifs et contourner le foie, peuvent-ils finalement pénétrer les cellules cancéreuses ? La réponse se trouve dans les nanovecteurs de troisième génération !

Pour comprendre cette fois-ci l'astuce qui fait la spécificité de ces médicaments de troisième génération, il faut d'abord se pencher sur le fonctionnement cellulaire. Les membranes des cellules tumorales possèdent des récepteurs. Il s'agit de protéines capables de reconnaître certaines molécules. Cette reconnaissance se traduit par une série de réactions qui permettent à la membrane cellulaire de laisser passer l'espèce reconnue par ses récepteurs. La molécule reconnue par le récepteur est appelée le ligand.

Mais la difficulté, c'est que toutes les cellules n'ont pas les mêmes récepteurs et la détermination de chaque récepteur est un travail de longue haleine qui a tout juste commencé il y a quelques années.

Cargaison de gènes

Cependant, une fois atteint l'intérieur de la cellule, la nanovecteur peut alors dans un premier temps, déposer son colis, et libérer ainsi le principe actif au cœur de la cellule. Mais il y a bien d'autres actions à entreprendre que de déposer juste le colis. Car le lilliputien agent secret est ainsi dans l'antre du pouvoir. Exactement là où il faut être pour avoir accès aux fonctionnalités du vivant. Là se trouve le noyau cellulaire — le cœur du réacteur en quelque sorte si l'on compare la cellule à une machine. Il pourrait y pénétrer et changer un bout de la molécule d'ADN qui porte toute l'information génétique : le génome. Mais il aura beau ruser, le noyau est pour l'heure chasse gardée. Seuls les virus sont capables d'y accéder et d'y puiser de l'énergie pour proliférer. C'est ainsi qu'opère par exemple le virus de la grippe.

Mais puisque le noyau lui est interdit, notre nanovecteur peut se rabattre sur d'autres ingrédients cellulaires. L'ARN messager, par exemple, qui est au sein du cytoplasme. Celui-ci est une copie d'un gène du noyau, mais situé à l'extérieur du noyau. C'est elle qui sert à concevoir une nouvelle protéine.

Admettons notre agent secret parvenu au saint des saints de la cellule, au chevet de l'ARN messager. Quelle action peut-il alors entreprendre ? Le héros de cette séquence s'appelle siRNA, une vraie scie capable de découper préférentiellement certains points d'une molécule. Son nom signifie *small interfering RNA* : il s'agit de petits ARN en double brins possédant une vingtaine de nucléotides. SiRNA est capable de se lier à l'ARN messager et de le couper littéralement pour empêcher l'expression de certains gènes, bien sûr ceux qui fabriquent des protéines défectueuses. Il s'agit ainsi de combiner la thérapie génique et la nanovectorisation.

Pour l'acheminer au sein de la cellule, il faut concocter là aussi un mini agent secret : une nanoparticule entourée de polymères hydrophiles biodégradables, comme par exemple du chitosane, obtenu à partir de l'exosquelette des crustacés, utilisé pour ses vertus en cosmétique ou diététique. Le chitosane étant capable de retenir les brins de siRNA, c'est ainsi parée que notre scie parvient à pénétrer la cellule et à procéder à des coupes de matériel génétique.

TRAVAIL D'ÉQUIPE

Dans tous les cas, le pari de pénétrer la cellule est réussi. Pourtant, la quantité de médicaments acheminés à chaque fois grâce à ces nanovecteurs — qui restent peu chargés — est très faible. Pour 100 mg de matériel transporteur, il n'y a qu'un milligramme de médicament. À ce rythme, c'est un véritable chapelet de nanoparticules qu'il va falloir confectionner. Le pari était donc de parvenir à augmenter d'une manière ou d'une autre la « charge », autrement dit le principe actif emporté par chaque nanovecteur. En outre, une autre difficulté devait être résolue. Une partie du produit actif ne se trouve pas à l'intérieur du nanovecteur mais à la surface, retenue par des liaisons chimiques d'assez faible énergie. Les chimistes appellent cela l'« adsorption ». Résultat : ce produit adsorbé se détache du « véhicule » au cours du voyage et touche les cellules saines. Ces deux barrières ont limité le développement du marché des nanomédicaments. Pour pallier ces défauts, il fallait vraiment une « innovation de rupture », comme disent les économistes.

Les requins à la rescousse

En 2013, l'équipe de Patrick Couvreur, pharmacien, professeur au Collège de France et à l'université Paris-Sud, imagine un nouveau concept : plutôt que d'élaborer un nano-*contenant* le principe actif, ces chercheurs ont conçu un nano-*accompagnant* le principe actif. Une sorte de microscopique guide qui pourrait emmener le médicament jusqu'à destination et le lâcher précisément à cet endroit. Chaque molécule-guide serait liée chimiquement à une molécule de médicament. En matière d'encapsulation, les méthodes physiques s'effacent ainsi progressivement au bénéfice des procédés chimiques.

L'équipe s'est inspirée des produits présents au sein même de l'organisme. Une astuce qui revient à écarter d'emblée les problèmes de biocompatibilité. La molécule capable d'accomplir une telle tâche est le squalène, un lipide naturel, présent en particulier en grande quantité dans l'huile de foie de requin, d'où son nom. Comme il s'agit d'un composé produit par l'organisme — en effet, chez les mammifères, le squalène est le précurseur de la biosynthèse du cholestérol — il ne sera pas identifié comme un intrus et rejeté aussitôt. Très compact, il se lie à une molécule anti-cancéreuse et au contact de l'eau forme avec elle une nanoparticule. Puis le duo s'achemine à travers l'organisme et ce n'est qu'au sein des cellules cancéreuses, loin du milieu aqueux, que le lien qui unit le couple « guide-médicament » se rompt. Les essais précliniques ont montré qu'ainsi la charge médicamenteuse est 50 % plus importante que la quantité de médicament acheminé par les nanoparticules qui contenaient en leur sein le principe actif. Ce gain représente aussi une économie de nanoparticules manufacturées, qui pénètrent dans le corps…

À l'heure de l'évaluation

Accompagnée par la molécule providentielle du requin, la molécule-médicament change totalement de forme et de propriétés : une fois placée dans l'eau, l'association « squalène - médicament anticancéreux » forme spontanément une nanoparticule de 100 nm. Cette auto-organisation en présence d'eau est fondée sur les affinités chimiques des deux molécules. Est-ce que le squalène s'associerait tout autant avec d'autres molécules ? La réponse est... oui ! Même si dans les laboratoires, on avance à tâtons. La première tentative a été menée sur la molécule AZT, anti-HIV. Elle a été associée au squalène. Une fois dans l'eau, le couple a de la même manière formé une nanoparticule ! Un succès qui ouvre des nouvelles possibilités de soin.

Restait encore à voir si, administrés de la sorte — c'est-à-dire en association avec un accompagnant — les médicaments devenaient plus performants. Cette seconde série de tests a mis en jeu la souris... devenue l'animal indispensable des tests médicaux. Des souris ont toutes reçues en injection des cellules cancéreuses, et donc développé la maladie. Pour tester les soins, elles ont été réparties en quatre groupes. Certaines ont été laissées à leur sort, d'autres ont juste reçu la molécule accompagnant le squalène, un troisième groupe juste le médicament à l'état naturel et enfin le dernier groupe a reçu le couple « squalène-médicament » tel qu'il s'est constitué sous forme de nanoparticules. Les souris ont été observées pendant 100 jours.

Au bout de 20 jours à peine, les souris qui n'avaient pas été traitées, laissées à leur sort, sont mortes, prouvant que les cellules cancéreuses qui leur avaient été injectées étaient très agressives. Après ces premiers décès, leurs congénères ayant reçu uniquement le squalène ont péri à leur tour, ce qui a prouvé que la molécule accompagnante n'était pas le principe actif. Le troisième groupe qui avait reçu le principe actif à l'état naturel a vu sa durée de vie prolongée en moyenne de 50 %. Mais il ne restait plus d'individus de ce troisième groupe au bout de 45 jours. Enfin, celles qui ont reçu l'association « squalène-médicament » sous forme de nanoparticules et même avec des doses bien plus faibles, vivaient encore. Au bout de 100 jours, 75 % de ce groupe étaient toujours vaillants… et pour une vie de souris, cela équivaut à une guérison définitive ! Cette durée de guérison est encore plus courte lorsqu'il s'agit d'une tumeur localisée.

Puisque les médicaments anti-HIV parviennent aussi à se mettre en couple avec le squalène, leur efficacité a pu être essayée sur des lymphocytes humains provenant de trois donneurs différents. Là aussi, les chercheurs ont démontré des résultats sans équivoques. Par exemple, la didanosine a été associée au squalène pour former un couple. Le tandem se révèle entre quatre et dix fois plus efficace que la molécule seule.

UN NOUVEAU TOUR DES NANOS

En médecine, les nanoparticules ne jouent pas seulement les passe-murailles. Elles peuvent aussi se transformer en « minibombes » commandées à distance pour tuer justement la cellule cancéreuse. Une stratégie savamment mise au point qui commence tout juste à être utilisée.

La neutronthérapie

Dans le rôle de la nanoparticule qui se sacrifie en tuant la cellule cancéreuse, voici l'oxyde de gadolinium. La neutronthérapie utilise des neutrons thermiques[9], de basse

9 Le neutron est un des composants du noyau atomique qui n'a pas de charge électrique.

énergie et l'irradiation des cellules par ces neutrons-là est inoffensive. Sauf si la cellule contient des nanoparticules d'oxyde de gadolinium.

Ce dernier est un élément chimique qui fait partie des « terres rares », un groupe de métaux devenus célèbres depuis les dernières décennies du XXe siècle car ils entrent dans la construction de nombreux matériaux *high tech*. La perspective de leur pénurie a fait planer une menace sur la compétitivité industrielle de l'Europe, car le marché des terres rares est détenu à plus de 80 % par la Chine, au point où les instances européennes ont indexé les terres rares à une liste de « métaux stratégiques ».

L'élément gadolinium qui participe au traitement du cancer a été choisi pour ses performances nucléaires[10]. En effet, il s'agit du matériau qui absorbe le mieux les neutrons thermiques. De ce fait, si la cellule cancéreuse concentre de l'oxyde de gadolinium, alors elle absorbe une grande quantité de neutrons qui y délivrent leur énergie et la détruisent. Toute l'astuce est donc d'acheminer ces nanoparticules au sein des cellules tumorales.

Le tri sélectif au pays de Lilliput

Depuis que quelques nanoproduits se sont révélés les champions de la nanomédecine, il est devenu tentant de les examiner tous pour trouver celui qui peut être utilisé comme agent discret et efficace de la distribution de médicament. Les critères pour les sélectionner sont au nombre de trois : la nanoparticule ne doit pas être elle-même toxique, elle ne doit pas activer le système immunitaire au risque de se faire repérer et créer une foule d'effets indésirables, et enfin elle ne doit pas se faire

10 www.cnrs.fr/cw/dossiers/dosnano/decouv/03/03_2_2/02.htm.

phagocyter par les macrophages, ces cellules du système immunitaire, sans quoi elle disparaîtrait corps et bien avant même de livrer son précieux colis, sauf si les cellules cibles sont les macrophages eux-mêmes.

Il fallait donc faire passer à chaque nanoparticule toute une batterie de tests et l'évaluer dans des environnements différents : un programme sur plusieurs mois, long et fastidieux, vorace en budgets et personnels. Heureusement, les chercheurs de l'université de Genève et de Fribourg ont trouvé la solution[11]. Elle s'appelle la cytométrie en flux. Les deux équipes ont eu l'idée de mettre directement en contact une nanoparticule et des macrophages sous forme d'un flux, puis de compter les vainqueurs et les vaincus par fluorescence pour voir si le lilliputien sortait indemne de cette mise en danger.

Ainsi l'opération ne dure que deux à trois jours et épargne de plus la vie de souris. Cette méthode doit être adaptée à l'échelle industrielle. Désormais, comme les pièces d'un puzzle, les conditions d'utilisation fructueuse des nanoparticules se mettent en place. Aujourd'hui, une vingtaine de nanovecteurs sont en attente d'une autorisation de mise sur le marché au niveau européen. Aux États-Unis, c'est le double ! Une dizaine de nanovecteurs sont déjà utilisés et en train de soigner. Avec la méthode suisse, leur nombre va augmenter dans les prochaines années.

NOUVELLE DONNE POUR LA MÉDECINE DE DEMAIN

Les grandes compagnies pharmaceutiques sont toujours à la recherche de nouvelles molécules pour fabriquer des

11 Mottas I. *et al.*, 2017. A rapid screening method to evaluate the impact of nanoparticles on macrophages. *Nanoscale.*

médicaments. La découverte d'un principe actif fait l'objet de brevets et suscite beaucoup d'espoir. Seulement, il ne s'agit là que du tout début d'un long processus qui peut dévier à tout moment. En effet, cette étape — la synthèse de la molécule à la base du médicament — revient à simplement détenir un paquet de sucre dans l'exercice culinaire et gastronomique évoqué au début de ce chapitre. De même que saupoudrer une seule framboise nécessite un outil particulier, l'acheminement du principe actif au sein de la cellule est indissociable de la mise au point d'un outil vecteur. Cela incite Patrick Couvreur à citer Saint Augustin, théologien du IVe siècle qui évoquait à propos de la charité : « la manière de donner est au moins aussi importante que ce que l'on donne » ! Ainsi, au fur et à mesure que les phénomènes complexes physicochimiques du vivant se précisent, le mode d'administration prend de plus en plus d'importance. Les nanoparticules ouvrent donc un champ nouveau, riche de promesses. D'abord, utiliser beaucoup moins de principe actif pour soigner, ce qui représente une économie de moyen mais aussi de toxicité. En effet, un médicament peut très vite se transformer en poison : tout dépend des doses administrées ! Tout est donc une affaire d'évaluation du rapport entre les bénéfices et le risque. Or, aujourd'hui, pour être efficaces, les molécules qui agissent contre le cancer doivent être administrées à de fortes doses, source d'effets secondaires indésirables. À des doses encore plus importantes, elles deviennent létales. Les nanoparticules permettent ainsi, en diminuant la quantité de principe actif, d'améliorer le fameux rapport bénéfice sur risque !

Néanmoins leur développement pour la santé présente de nouveaux défis qui ne sont pas d'ordre scientifique, mais au moins tout aussi importants pour la suite. Pour les concevoir, physiciens, chimistes, médecins, pharmaciens doivent travailler main dans la main. Cela suppose une transdisciplinarité nouvelle qui bouleverse les frontières actuelles entre les disciplines et les pratiques des professionnels de la santé.

4

TOUS FICHÉS

En juillet 2004, au cœur de la ville de Barcelone, là où se donne rendez-vous la jeunesse festive de toute l'Europe, rien n'était plus tendance que de payer sa consommation juste avec son bras, sans mettre la main à la poche. Ni argent ni papier, ni sac ni porte-monnaie, les fêtards n'avaient qu'à passer tout simplement en exhibant leurs avant-bras. Le propriétaire de la discothèque, ainsi que le rapporte l'envoyé spécial du quotidien *Libération*, avait réussi à recruter quelques dizaines de personnes en un mois, toutes comme lui volontaires pour se faire implanter une puce dans le bras, afin d'être reconnues, et avoir le privilège de passer sans payer et sans montrer ses papiers[12].

Le prix à payer : une centaine d'euros que le commerçant crédite en grande partie sur le compte des volontaires et juste une piqûre sous-cutanée aussi douloureuse que l'injection d'un vaccin. La puce RFID qui leur a été implantée — grosse comme un grain de riz — n'est pas une nouvelle venue sur le marché. Mais la nouveauté,

12 www.liberation.fr/week-end/2004/07/03/une-puce-sous-la-peau_485360.

c'est sa taille qui a diminué presque à vue d'œil grâce aux nanotechnologies qui ont miniaturisé à l'extrême les composants électroniques. Et l'adage est bien connu : comment un objet plus petit qu'un grain de riz peut-il nuire ?

Cette première utilisation a créé beaucoup d'émois, ouvrant une boîte de Pandore remplie de questions éthiques. Les humains étaient-ils désormais soumis à une traçabilité qui ne concernait jusque-là que les marchandises et le bétail ? Des informations privées les concernant pourraient-elles être extraites et utilisées à leur insu ? Certains commentaires laissaient entrevoir le pire : pourrait-on hacker ces données afin d'usurper leur identité ?

TOUT SERA MINI DANS NOTRE VIE

Avant d'aborder les répercussions sur les libertés individuelles, il faut passer par une tendance de l'industrie des composants électroniques, qui règne en maître depuis quelques décennies : la miniaturisation. C'est là où le nanomonde a tout naturellement accueilli les puces de plus en plus minus.

La loi de Moore, loi secrète du monde

Depuis plus d'un demi-siècle, sans que le citoyen en soit réellement conscient, le monde est gouverné par la loi de Moore. On la doit à Gordon Moore, un des fondateurs de la société Intel qui l'a énoncée en 1965. Aujourd'hui âgé de 89 ans, il est avec sa femme Betty à la tête de la Gordon and Betty Moore Foundation qui œuvre pour le financement des projets scientifiques, environnementaux et de protection des enfants en Californie[13]. La fondation gère ainsi plus de 6 milliards d'euros.

Mais son principal fait d'arme remonte à 1965. Il était alors directeur de recherche et développement de l'entreprise Fairchild Semi-Conductor, une société de composants électroniques basée à San José (Californie) et, à ce titre, il était interrogé par *Electronics*, magazine sur le futur des composants électronique au cours de la décennie qui viendrait. Il se lança alors dans un calcul simple : il observait que chaque année le nombre de composants électroniques que pouvait contenir un circuit intégré, double. Il suggéra qu'il en serait ainsi au cours des dix années à venir.

Bien vu ! L'histoire a montré que ces prédictions se sont réalisées. Puis dix années plus tard en 1975, Moore a précisé sa « loi » : tous les 18 mois à deux ans, le nombre de composants électroniques capables de tenir sur une même surface aura doublé. Les décennies qui ont suivi lui ont encore donné raison. Mais c'est l'un de ses collègues, enseignant aussi à l'Institut de technologie de Californie, considéré comme un des pères de la microélectronique, Carver Meade, qui a œuvré pour le succès de ce qui allait devenir la « loi de Moore ». Dès lors, elle est apparue comme bien plus qu'une prédiction : une règle stimulante pour tout un secteur industriel. Qui se trouve parfaitement utilisée par l'économie du secteur.

La course à la miniaturisation

Pendant des décennies, la miniaturisation des composants électroniques a donné raison à Gordon Moore. Mais pourquoi faire toujours plus petit ? Certes, le téléviseur

13 www.moore.org/about/our-finances.

à tube cathodique — aussi épais que large — a un charme rétro... Cela dit, suspendre au mur son écran plat pas plus épais qu'un livre permet d'économiser de l'espace. De même, se promener avec une minichaîne pour écouter de la musique est possible mais il est bien plus pratique de porter un smartphone dans sa poche.

Outre le caractère fonctionnel, fabriquer des composants de plus en plus petits permet d'économiser sur le matériau et aussi sur la consommation d'énergie : pour passer d'un composant à un autre, le courant ne doit pas se propager sur de grandes distances. Enfin, il y a un autre aspect qui échappe au consommateur : c'est la plus grande fiabilité des composants miniaturisés. En effet, le signal électronique peut être perturbé lors de sa propagation, entrer en interaction avec des signaux parasites, par exemple. Le fait de limiter la propagation du signal permet de limiter aussi les parasites.

La limitation quantique

Ainsi poussée vers la miniaturisation, l'électronique semble parfaitement respecter la loi de Moore. Cependant la matière à cette échelle présente des particularités étonnantes qui peuvent se révéler une arme à double tranchant.

Le comportement surprenant que présente la matière à l'échelle subatomique par rapport au comportement « classique » relève de la physique quantique. L'histoire de celle-ci remonte aux premières décennies du XXe siècle, lorsque les physiciens découvrent la structure intime de la matière et les lois qui régissent le monde subatomique. Heureusement, toute cette physique ne se manifeste pas à notre échelle, sans quoi notre quotidien serait bien différent, comme l'a imaginé le physicien George Gamow en faisant voyager son personnage Monsieur Tompkins. Nous ne serions pas assis là ou là mais avec une probabilité de présence d'être un peu là et là aussi, ce comportement statistique des particules étant le propre du monde quantique. De même, en posant un stylo sur une table, nous verrions le stylo la traverser ou nous observerions les voitures passer à travers les murs, en marchant dans la rue. Ce serait ainsi l'illustration macroscopique de ce que les physiciens du monde quantique appellent « l'effet tunnel ».

Rien de tout cela dans le monde que nous connaissons : les objets tiennent parfaitement sur les tables. Mais au fur et à mesure de la miniaturisation, les composants électroniques serrés sur une puce deviennent de plus en plus petits. Un composant d'un nanomètre est moins de dix fois plus gros qu'un atome. Résultat : la nanoélectronique, en suivant la voie de la miniaturisation, va bientôt flirter avec une limite imposée par la physique quantique. Cet avènement mettra-t-il fin à la fameuse loi de Moore et à la croissance exponentielle qu'elle implique ?

La loi de Moore a-t-elle une fin ?

Conscients que l'on ne peut pas placer une infinité de puces sur la même surface, nous devons nous demander à quel moment cette course va prendre fin. Une telle information est très stratégique. Rien qu'en France, en 2017, le marché de l'électronique grand public a atteint 15 milliards d'euros[14]. Connaître la fin de la loi de Moore permet donc de planifier des actions pour sauver le marché. Ainsi, en amont des économistes et des

14 https://fr.statista.com/statistiques/496384/electronique-grand-public-valeur-marche-france.

industriels, de nombreux chercheurs travaillent déjà sur l'après-loi de Moore.

Savoir à quoi ressemblera alors l'électronique est un des sujets actuels de débat entre spécialistes. Les recherches foisonnent dans toutes les directions. Tandis que des chercheurs comme Yannick Rondelez de l'ESPCI (l'École supérieure de physique-chimie industrielle de la ville de Paris) travaillent sur un ordinateur utilisant des brins d'ADN, qui portent l'information génétique du vivant[15], d'autres tentent d'utiliser les propriétés de la matière à l'échelle subatomique pour développer un ordinateur quantique[16].

Quand arrivera cette bifurcation qui va faire passer le monde à l'après-loi de Moore ? Il semble très probable que ce point de rupture devrait survenir à la fin de l'ère de la nanoélectronique. Nous n'y sommes pas encore, même s'il faut préparer l'avenir. Ce n'est qu'au XXIe siècle que l'ère de la nanoélectronique a débuté et les physiciens sont encore loin d'avoir épuisé toutes ses possibilités[17]. Concevoir, usiner, utiliser et exploiter des composants à une échelle inférieure à 100 nm, voilà le programme des futures décennies.

LES PROMESSES DE LA NANOÉLECTRONIQUE

Un outil utilisant les propriétés quantiques de la matière a ouvert la voie du nanomonde. C'est en 1981 que deux chercheurs des laboratoires IBM inventèrent le microscope à effet tunnel (voir chapitre 2), qui permet d'étudier les

15 www.iemn.fr/actualites/seminaire-mnmb.html.

16 www.sciencesetavenir.fr/high-tech/informatique/les-promesses-de-l-ordinateur-quantique_118589.

17 www.annales.org/ri/2010/resumes/fevrier/ri-fevrier-2010.pdf.

atomes de surface des métaux, leur position et aussi de les manipuler[18]. Ils obtinrent le prix Nobel de physique en 1986 et initièrent l'utilisation de composants différents.

Aujourd'hui, des transistors utilisent des nanomatériaux, comme les nanotubes de carbone ou des feuillets de graphène, ces feuillets monocouches d'atomes de carbone[19]. Les propriétés très particulières du graphène permettent de concevoir des composants très sensibles pour des instruments de mesure.

L'évolution de la taille des transistors illustre bien l'émergence de la nanoélectronique. En 1962, ce composant élémentaire de l'électronique avait une taille de 15 μm (micromètres) ; en 2008, les transistors pentium ne font plus que 45 nm et ceux de la nouvelle génération ont une taille de l'ordre de celle d'une maille cristalline, soit 0,54 nm. Et les prévisions indiquent que leur dimension va diminuer encore[20].

L'assemblage de ces composants nanométriques a ouvert la voie à une foule de possibilités. L'idée était justement venue à un des étudiants du grand physicien Richard Feynman, aujourd'hui considéré comme le véritable père des nanotechnologies. Il avait annoncé que l'utilisation d'un nanorobot reviendrait à avaler un médecin pour être soigné !

Dès lors, il fallait déployer des tas d'astuces pour faire avancer de manière autonome un engin nanométrique. Justement, début 2018, une équipe américano-chinoise a mis au point un nanorobot capable de lutter contre les cellules cancéreuses[21]. C'est un engin de 90 nm de long

18 https://toutestquantique.fr/effet-tunnel.

19 https://toutestquantique.fr/graphene.

20 www.numerama.com/tech/185296-processeurs-la-fin-de-la-reduction-de-la-taille-des-transistors-attendue-en-2021.html.

21 www.nature.com/articles/nbt.4071.

Course de nanovoitures

L'opération la plus spectaculaire de nanomobiles a eu lieu à Toulouse, pour la première fois en avril 2017. Il s'agit de la première course internationale de molécules-voitures. Cette première « nanoCar Race », sur le modèle des circuits de courses de voitures classiques, a été organisée par Christian Joachim, directeur de recherche CNRS, et Gwénaël Rapenne, professeur à l'université Toulouse III-Paul-Sabatier, au Centre d'élaboration de matériaux et d'études structurales (Cemes) du CNRS.

Les différentes équipes, après avoir conçu et préparé leur véhicule nanométrique, étaient venues des quatre coins du monde pour participer à cette course hors du commun. Le circuit lui-même était une surface pavée d'atomes d'or, composée d'un tronçon de 20 nm, puis d'un virage, puis d'un autre tronçon de 50 nm, suivi d'un virage et d'une partie de 20 nm de nouveau. La durée de la course était de 38 heures. Les participants disposaient d'un maximum de 6 heures pour nettoyer leur piste avant le départ.

Pour suivre la course, il fallait s'équiper d'un microscope à effet tunnel, qui permettait de visualiser et même de faire avancer les « bolides » des participants. L'équipement toulousain était le seul à posséder quatre pointes, un dispositif unique au monde, et à pouvoir faire concourir quatre équipes en même temps.

Le résultat de cette course hors du commun a distingué l'équipe américano-autrichienne de l'université de Graz (Autriche) et de l'université de Rice (États-Unis), qui a réussi à parcourir la distance d'un micron, en 29 heures.

sur 60 nm de large, qui s'achemine jusqu'à la cellule cancéreuse pour bloquer l'oxygénation de celle-ci.

D'autres spécimens sont à l'étude : ils peuvent fonctionner grâce à une molécule d'ADN ou encore des fibres musculaires pour compter des molécules d'une certaine espèce dans un échantillon. Ainsi, ces nanomachines peuvent être animées sous l'effet d'un signal électrique qui fait varier la taille de la fibre musculaire.

Mais le gros de la troupe des nanorobots n'est pas encore sorti du labo. Leurs prochaines performances inspirent fortement les auteurs de science-fiction. Les récits qu'ils concoctent pourraient un jour devenir réalité. Car pour l'instant la nanoélectronique n'a véritablement pas encore fait irruption dans notre quotidien, sauf une invention directement issue de la miniaturisation extrême des composants : la puce RFID déjà évoquée.

L'OMNIPRÉSENCE DE LA PUCE

Cartes de métro, de tram, de cantine, de sécurité sociale et tous les biens de consommation depuis les produits alimentaires jusqu'aux vêtements, bref tout ce qui peut être acheté dans un magasin… tout, absolument tout, peut comporter cette minuscule puce. Pour la concevoir, il faut passer par le nanomonde et l'usiner à l'échelle nanométrique.

C'est elle qui sonne aux portiques des magasins indiquant ainsi qu'un achat n'a pas été payé ou — ce qui arrive bien plus souvent — qu'un vendeur a oublié de désactiver la puce. Son règne s'étend à une foule d'objets du quotidien et ce n'est qu'un avant-goût des prochaines décennies : avec les objets connectés, depuis le régulateur de consommation électrique, jusqu'aux semelles qui transmettent à un ordinateur de bord le nombre de pas effectué dans la journée, les puces RFID seront vraiment partout !

Nos documents de voyage et passeports en contiennent de plus en plus souvent. Le gouvernement français a mis en place le passeport électronique dit Delphine (DÉLivrance de Passeports à Haute-INtégrité de sécuritÉ) composé d'une zone de lecture optique et d'une puce RFID contenant des données administratives et physiques sur son détenteur. Ce type de passeport biométrique est apparu le 28 juin 2009 et il remplace petit à petit le passeport électronique.

Puces actives et puces passives

Comment fonctionne ce mouchard et à quoi peut-il servir ? Commençons d'abord par son utilité. Il peut identifier, suivre et connaître quelques-unes des caractéristiques de l'objet ou de la personne qui le porte. Et tout cela à distance. Il en existe deux sortes, passives ou actives. Les puces les plus communes sont passives. Ce sont elles qui sont couramment utilisées pour le suivi des marchandises. Il s'agit d'un microprocesseur, la puce proprement dite, et d'une antenne. Elles ne disposent d'aucune source d'énergie pour émettre un signal. Pour lire l'information qu'elles contiennent, il faut un lecteur RFID, comme celui d'une caisse de supermarché, qui induit un petit courant au cœur de la puce et lit l'information envoyée par l'antenne. C'est donc celle-ci et principalement sa taille qui déterminent la fréquence de la communication. Trois gammes de fréquences sont utilisées : 125 kHz pour les très basses fréquences (LF), 13,56 MHz pour les hautes fréquences (HF) et 900 MHz pour les ultra hautes fréquences (UHF).

De cette fréquence dépend la portée du signal. En effet, l'antivol d'une marchandise émet son signal à une distance d'environ un mètre, alors que le système de télépéage d'une autoroute avec le portique qui lit les informations contenues sur la puce nécessite une portée de quelques mètres. C'est ainsi que sont suivis les animaux, les marchandises et les clients de la discothèque de Barcelone.

Mais dans quelques régions du monde, l'implantation des puces RFID pour des raisons de sécurité est en pleine expansion. À Mexico, pour des raisons médicales, quelques milliers de personnes sont ainsi suivies : les informations indispensables à leur état de santé figurent sur cette puce. C'est la version la plus simple de ce dispositif.

Leur coût est aux alentours de 5 centimes d'euros, mais peut atteindre jusqu'à quelques euros si les informations codées sur la puce sont réinscriptibles. Elles peuvent contenir jusqu'à 1 kilooctet de données, soit à peu près l'équivalent d'un fichier texte.

Les puces actives disposent pour leur part d'une source d'énergie, une batterie qui leur permet de communiquer en permanence. Elles sont donc capables d'envoyer des informations en continu. Pour recevoir celles-ci, il faut déployer un réseau de capteurs sans fil. Leur utilisation se répand de plus en plus dans des domaines très variés. De tels réseaux peuvent par exemple aider à la surveillance des volcans en activité. En effet, une fois déployée, chaque puce active peut mesurer en permanence et envoyer la moindre variation des caractéristiques du terrain. Par exemple, la montée du magma dans la chambre magma-

Rhinocéros connectés

L'utilisation des puces RFID permet d'imaginer des applications les plus étonnantes. Ainsi l'initiative PredNet pour *Predator predictive Networks* est un projet qui regroupe l'université de Stellenbosch en Afrique du Sud et l'Inria. Le but est de protéger les espèces en danger, tel le rhinocéros d'Afrique. En effet, selon l'organisation Save The Rhino, il ne reste que 29 000 spécimens dans le monde contre 70 000 il y a 50 ans. Une diminution rapide. En cause, le braconnage dans le but de récupérer les cornes de rhinocéros dont la poudre est censée posséder des vertus aphrodisiaques. Un essai a été effectué sur une dizaine d'animaux. Des puces RFID transmettent en continu des données sur l'état de stress de l'animal qui pourrait traduire l'approche de braconnier.

tique annonçant l'imminence d'une éruption peut se traduire par une série de mouvements infimes du sol.

Il faut donc recueillir et rassembler ces informations en continu et les interpréter pour prendre des mesures de sécurité. Ce même dispositif peut servir à la surveillance des glaciers dans l'objectif de connaître la stabilité du manteau neigeux et ainsi prévoir les risques d'avalanche et d'une manière générale suivre le rythme de la fonte des glaciers.

Une menace pour les libertés individuelles ?

Actives ou passives, de plus en plus minuscules grâce aux possibilités offertes par le nano-usinage, les puces RFID vont se développer. Dans le cas particulier de l'implémentation de la puce dans le corps humain, il convient de dire qu'il s'agit d'une puce passive, elle ne comporte pas de batterie et passe donc inaperçue en l'absence de lecteur. En outre, son implémentation — si elle s'effectue dans des conditions d'hygiène par une personne compétente — ne représente aucun risque. Mais c'est surtout au point de vue du respect des libertés individuelles que les puces RFID posent question. Selon la Cnil (la Commission nationale de l'informatique et des libertés), la généralisation des puces RFID représente une menace pour l'article 8 de la Convention européenne de sauvegarde des droits de l'homme et du citoyen : « Toute personne a droit au respect de sa vie privée et familiale, de son domicile et de sa correspondance [...] Il ne peut y avoir ingérence d'une autorité publique dans l'exercice de ce droit que pour autant que cette ingérence est prévue par la loi et qu'elle constitue une mesure qui, dans une société démocratique, est nécessaire à la sécurité nationale, à la sûreté publique, au bien-être économique du pays, à la défense de l'ordre et à la prévention des infractions pénales, à la protection de la santé ou de la morale, ou à la protection des droits et libertés d'autrui. »

C'est dans un premier temps le suivi des individus qui est en cause. L'opération peut ainsi se faire dans un but médical. En effet, l'Agence de sécurité sanitaire américaine a autorisé, en octobre 2004, l'usage des puces RFID dans le corps humain, à ces fins-là. Les puces sont injectées dans le bras des patients à l'aide d'une seringue. Il s'agit d'une puce passive, avec cependant une question essentielle : ces informations peuvent-elles être lues à l'insu de la personne ? Même si c'est le cas, il y aura encore une barrière à franchir : en effet, la lecture de la puce ne donne pas accès au dossier médical, mais à un numéro qui doit être lu par un scanner. C'est ce numéro qui permet une recherche sur une base de données dont l'accessibilité est contrôlée. Autrement dit, elle pourra être lue mais pas par n'importe qui. D'ores et déjà, quelques centaines d'hôpitaux participent à ce programme, auquel ont souscrit les patients soucieux de communiquer rapidement les informations médicales essentielles à leur médecin en cas d'urgence.

Au Mexique, l'implémentation de la puce RFID peut permettre de suivre de jeunes enfants en cas de kidnapping ou encore d'identifier un personnel qui serait autorisé à passer le seuil d'un bâtiment ultrasensible.

Piratages en perspective

Reste à savoir si ces puces peuvent être hackées, piratées et les informations personnelles se retrouver ainsi utilisées. En effet pour l'heure, les ondes radio qui sont émises au moment de la lecture des informations contenues sur une puce passive, ne sont pas cryptées, comme pourraient l'être les systèmes de codes bancaires. Ce signal peut être lu et copié sur un support vierge, comme une carte vierge du réseau des transports publics d'une ville. Ainsi, à Paris, le numéro d'un « passe » Navigo peut être usurpé sans même que votre passe n'ait jamais été déclaré perdu.

Pire même : le professeur Andrew Tanenbaum, chercheur et enseignant en informatique, et ses étudiants de l'Université libre d'Amsterdam sont parvenus à apporter une démonstration et ont proposé quelques scénarii effrayants pour tout patron de grand magasin[22]. En utilisant une des failles du logiciel RFID, ces scientifiques ont introduit un virus informatique dans le système et ils ont ainsi pu avoir accès à la base de données des puces. Pour sensibiliser le consommateur, l'équipe a imaginé quelques cas particuliers. Dans le premier cas, le pirate achète un produit en magasin puis, une fois rentré chez lui, il change l'étiquette RFID en étiquette pirate. Il revient au magasin avec le produit à l'étiquette piratée et repasse en caisse. Au moment de la lecture de cette puce, le virus peut s'introduire dans la base de données du magasin et changer ainsi tous les prix… Les clients suivants pourraient alors voir un paquet de biscuits s'afficher à un prix exorbitant ou le contraire. Bref, c'est une grosse pagaille que les responsables du magasin devraient gérer. Ce scénario n'est pas impossible, même s'il suppose que le service interne du magasin ne dispose d'aucun système de sécurité ou d'antivirus.

Imaginons maintenant un aéroport international d'envergure, où les bagages des dizaines de milliers de personnes qui se croisent quotidiennement sont acheminés ou réorientés vers une autre destination lors d'une

22 www.rfidvirus.org/papers/percom.06.pdf et www.nextinpact.com/archive/30122-Les-puces-RFID-sont-facilement-vulnerables-a.htm.

correspondance. Si les bagages étaient répertoriés par une puce RFID, il suffirait qu'un seul d'entre eux porte une étiquette contaminée pour bouleverser la base de données bagages de l'aéroport. Ainsi des valises attendues à Londres pourraient se retrouver à l'autre bout de la planète.

Des cas qui donnent sûrement des sueurs froides aux responsables logistiques des aéroports et magasins. Mais les puces RFID peuvent-elles nuire aux libertés individuelles ? Les salariés de la grande distribution qui manipulent les marchandises portant une puce RFID peuvent être suivis indirectement : par le passage de la marchandise étiquetée dans une zone déterminée des entrepôts. Lors d'un inventaire, le salarié peut être ainsi suivi. Outre le salarié, le client qui possède la carte de fidélité d'un magasin voit ses achats consignés et ses interactions avec la firme, suivies et répertoriées.

Comment se protéger ?

Comment limiter l'intrusion dans la vie personnelle des clients ? Pour toutes les transactions commerciales, la Cnil a défini le principe *opt-in* et *opt-out*[23]. Ces deux notions sont définies de manière très précise : la première *(opt-in)* signifie que pour collecter les données personnelles d'une personne, il faut avoir son accord. Si elle n'a pas dit expressément oui, cela ne peut pas se faire. Cela se traduit souvent par une option « Si vous voulez recevoir des propositions commerciales, merci de cocher cette case ». La seconde (*opt-out*) est tout le contraire : toute personne ne s'étant pas expressément opposée peut recevoir une publicité ou une demande qui permettront de reconstituer son emploi du temps ou autres données

23 www.cnil.fr/fr/cnil-direct/question/514.

personnelles. Cela se traduit par une option de type « Si vous ne voulez plus recevoir de propositions, cochez cette case ». Encore faut-il, pour être totalement protégé d'une quelconque intrusion dans sa vie privée et ses données personnelles, que le consommateur prenne le temps d'identifier si sa carte de fidélité est dans un cas *in* ou *out*.

Aujourd'hui, la loi exige que la puce RFID soit désactivée après le passage en caisse, « immédiatement, automatiquement et gratuitement dans le magasin », sauf si le consommateur demande expressément le maintien de la puce active. Comment prévenir ces abus liés à l'utilisation de la puce RFID ? Une première solution est de crypter l'information disponible sur la puce. Cela nécessite plus de mémoire dans la puce et un espace réinscriptible. Mais tout système de cryptage reste vulnérable. Alors une solution simple est de ranger sa carte de transport, son passeport, son passe de magasin dans une pochette qui forme une cage de Faraday, empêchant tout lecteur caché d'avoir accès à vos données à votre insu[24]. Plus simple encore, il suffit de bricoler soi-même cette protection dans une feuille d'aluminium.

INFORMER LES CITOYENS

Les consommateurs informés peuvent ainsi se protéger individuellement. Cependant, certains projets de surveillance de personnes peuvent créer des conflits de valeurs au sein de la société. Il a été envisagé à plusieurs reprises d'implanter une puce RFID aux individus les plus dangereux ou aux délinquants afin de désengorger les prisons[25].

24 www.tomsguide.fr/actualite/pochette-anti-surveillance,45048.html.

25 https://lexpansion.lexpress.fr/high-tech/bientot-des-puces-rfid-sous-la-peau-des-delinquants-anglais_1434673.html.

Ces initiatives ont cependant soulevé des vagues de protestations, montrant ainsi que l'utilisation sans filet des puces RFID pourrait petit à petit mener à une société très sécuritaire où la place des libertés individuelles aurait diminué.

Ainsi, il est nécessaire d'accompagner le développement des objets issus des nanotechnologies d'un débat éthique. Mais au quotidien, la tâche est lourde pour les consommateurs et les citoyens : se tenir au parfum d'une technologie qui évolue chaque jour.

5

LÂCHER DE NANOS EN PLEINE NATURE

Un grain de poussière dans l'océan… Quel pourra être son rôle ? Quel sera l'effet de ce minus ? Rien ! Ou alors une variation si faible qu'elle ne pourra même pas être mesurée. Ainsi il est très difficile de suivre un nanomatériau abandonné dans la nature. Le sol, les cours d'eau, les océans, les continents sont des étendues incommensurables pour le petit. Sauf s'il se fait remarquer par mille et une facéties ! Lilliputien et très réactif, peut-il être à l'origine d'une chaîne de réactions qui parviendrait à perturber le milieu naturel ?

C'est la question à laquelle doivent répondre les spécialistes de l'environnement. Ainsi munis de « lunettes » extrêmement grossissantes, leur tâche est de suivre tel un sociologue les us et coutumes de ces nanomatériaux. Comme ces lunettes magiques n'existent pas, les voilà contraints de recréer un bout de nature dans leur laboratoire. Aquariums remplis d'eau, de plantes et de microorganismes sont hébergés sur les paillasses. Sans oublier le fait que tout microbe apparaît comme un énorme monstre à notre nanomatériau.

L'enquête des sociologues du nanomonde dont les méthodes sont fondées sur la physicochimie doit être très minutieuse et il n'est pas sûr que la réponse puisse être fournie immédiatement. En attendant, les nanomatériaux se sont mis au service de l'environnement. On ne compte plus les procédés de purification, de décontamination de l'eau, les capteurs ultrasensibles au service de la qualité de l'air et de l'amélioration du bilan des énergies renouvelables. La seule question est de déterminer leur bilan : plutôt positif ou non ?

LA GRANDE INFILTRATION

Les messages de santé publique ne cessent de le répéter : le soleil est à la fois ami et ennemi ! Indispensable pour la production de la vitamine D, l'exposition, quand elle est prolongée, peut provoquer des années plus tard un cancer de la peau. Alors, les conseils de bon sens suggèrent d'étaler régulièrement des crèmes solaires. Or, de nombreuses crèmes contiennent des nanoparticules de dioxyde de titane, censées bloquer les rayons UV nocifs du soleil.

Après la baignade, une douche s'impose et lorsqu'elle se prend sur une plage, l'eau emporte une partie de la crème et achemine ainsi les nanoparticules de la crème solaire à travers le sable, les disperse dans le sol et en partie dans les eaux de baignade. Difficile d'évaluer leur impact, comme le précise Jérôme Rose, directeur du laboratoire d'excellence Labex, en charge du suivi et de l'étude des nanomatériaux tout au long de leur cycle de vie. Au Cerege, Centre européen de recherche et d'enseignement des sciences de l'environnement, à Aix-en-Provence, il y a autant de cas d'étude que de nanomatériaux.

Car ces lilliputiens ont toujours la fâcheuse tendance de se regrouper, un comportement qui n'arrange en rien les exigences des industriels. En effet, aussi bien que la texture d'une crème se doit d'être uniforme, ses propriétés aussi. Les industriels utilisent donc mille ruses pour conserver les nanoparticules dispersées dans les crèmes, les unes éloignées des autres, et surtout avec une concentration uniforme. Pour cela, ils doivent modifier l'état de surface des nanoparticules, les entourer de molécules fuyant l'eau ou l'huile, hydrophobes ou hydrophiles, ou encore leur fabriquer une couronne chimique faite de molécules appropriées qui permet de les maintenir isolées.

Seulement, ces couronnes indispensables compliquent vraiment le travail des toxicologues. Chaque nanoparticule environnée devient un ensemble nanocomposite, doté d'une durée de vie spécifique qui dépend de sa couronne. Son cas suscite une foule de questions. Au bout de combien de temps la couronne va-t-elle se désolidariser de la nanoparticule ? Va-t-elle migrer rapidement ? Va-t-elle se dissoudre ?

Le rôle des bactéries

Pour répondre à cette question, Cyndee Gruden et Olga Mileyeva-Biebesheimer de l'université de Toledo, dans l'État de l'Ohio, aux États-Unis, ont procédé à des expériences en utilisant des nanoparticules de dioxyde de titane, comme celles qui entrent dans la composition des crèmes solaires[26]. Dans une eau contenant des micro-organismes, qu'elles ont pris le soin de marquer avec une substance fluorescente verte, elles ont graduellement ajouté des nanoparticules de dioxyde de titane. D'abord

26 www.scientificamerican.com/article/nanoparticles-in-sunscreen.

à raison de 10 mg/litre, et jusqu'à 100 mg/litre. Les scientifiques ont vu progressivement la fluorescence verte virer au rouge, indiquant que la paroi des micro-organismes était endommagée au fur et à mesure qu'elles rajoutaient des nanoparticules d'oxyde de titane. Ce changement de couleur indiquerait qu'elles avaient perdu leurs fonctions biologiques.

Or ces microbes ont un rôle essentiel à jouer dans les milieux naturels. Ils filtrent les eaux usées et transforment l'ammoniaque. Ils régulent la quantité de phosphore des eaux dans les lacs. Bref, ils interviennent comme un acteur du milieu. Ainsi, les deux chercheuses concluent que l'utilisation des nanoparticules de dioxyde de titane a un coût écologique et environnemental.

En outre, les cosmétiques renferment par ailleurs des nanoparticules d'argent, de cuivre, d'oxyde de zinc, qui endommageraient aussi les bactéries, dont le rôle principal est de venir à bout des polluants organiques. Cependant, malgré ces études, le rôle précis des nanoparticules dans l'environnement est loin d'être compris, et le fait même qu'elles puissent traverser la paroi cellulaire des micro-organismes est encore débattu.

Une histoire de faibles doses

Autant de cas que de nanoparticules et de couronnes ! Afin de les suivre, les chercheurs de Serenade utilisent des aquariums pour mener des expériences sur chaque couple particule-couronne. Un premier critère concerne la dissolution ou non de la nanoparticule. Si elle se dissout, son comportement est similaire à celui d'une particule métallique (argent, zinc...) dont le cas est hélas bien connu des chimistes : c'est la contamination par les métaux. Parmi les tentatives de décontamination, il y a le procédé de la remédiation phytosanitaire. Certaines plantes en effet concentrent les éléments métalliques du sol et permettent de les extraire au cours de leur croissance.

Si les nanoparticules ne se dissolvent pas, elles peuvent dans certaines conditions physicochimiques former des colloïdes qui restent en suspension dans la colonne d'eau. Parfois, une couronne de débris végétaux vient s'agréger autour de cet agglomérat… et c'est un élément bien plus volumineux qui se déplace au gré des courants.

Mais pour autant, un point reste rassurant. Il n'y a jamais de grosse quantité de produit sous forme de nanomatériaux dans les crèmes. En effet, leur grande efficacité permet de les utiliser avec une très grande parcimonie, et de ce fait les nanoparticules ne provoquent pas de contamination massive et soudaine. C'est plutôt de manière sournoise qu'elles opèrent. De très faibles doses

La vérité de l'aquarium

Que se passe-t-il lorsque l'on déverse des nanoparticules dans ces bacs où se trouvent reconstitués des écosystèmes particuliers, lacustre, fluvial ou benthique, avec les plantes et les micro-organismes caractéristiques de ces milieux ? Les chercheurs du Cerege ont découvert que, dans un premier temps, le milieu subissait un déséquilibre avant de revenir à un autre état d'équilibre. Autrement dit les micro-organismes parviennent à s'adapter. Sur des périodes d'un mois, l'ajout de nanoparticules passe ainsi quasiment inaperçu ! D'autres laboratoires ont vu plus grand : les aquariums sont des bassins où vivent différentes espèces de poissons et d'algues. Les premiers résultats semblent confirmer l'adaptation spectaculaire du vivant. Prenons le cas des nanoparticules d'argent. Une fois qu'elles se retrouvent dans le sol, elles se combinent aussitôt avec les composés sulfurés, pour former les sulfures d'argent. Or si les nanoparticules d'argent elles-mêmes ont des propriétés biocides et détruisent les bactéries, faisant des ravages dans les stations d'épuration, le sulfure d'argent n'a pas les mêmes propriétés. Son impact sur l'environnement est limité.

s'accumulent progressivement. Le problème : nous n'avons pas encore suffisamment de recul pour pouvoir juger de l'effet de ces faibles doses.

AU SERVICE DE L'ÉNERGIE « VERTE »

Pour avoir des réponses plus précises sur la toxicité des nanomatériaux sur l'environnement, il faut donc continuer à mener des expériences sur un temps long. Mais d'ores et déjà, le secret industriel derrière lequel se réfugient les fabricants de produits solaires vient mettre quelques bâtons dans les roues des toxicologues. Sans connaître exactement le dosage et la nature des nanoparticules utilisées, il est en effet difficile de mener des études représentatives. En attendant que l'on évalue leur effet sur l'environnement, les nanoparticules ont bien d'autres rôles à jouer.

Capter l'énergie du soleil

Certes, cela ne fait que quelques décennies que l'humanité a pris la mesure de l'enjeu du réchauffement global qui a commencé avec l'ère industrielle. Notre économie est encore en grande partie fondée sur l'utilisation des hydrocarbures, qui génèrent par le biais de leur combustion du dioxyde de carbone ou CO_2, un gaz à effet de serre. La teneur de ce gaz dans l'atmosphère a augmenté de 145 % depuis l'ère préindustrielle pour atteindre, en 2016, un record absolu de 403 ppm (parties par million).

Or les gaz à effet de serre — comme le CO_2, mais aussi le méthane (CH_4), la vapeur d'eau et les composés azotés — absorbent, à cause de leur structure moléculaire, une partie du rayonnement infrarouge que la Terre émet.

L'effet photovoltaïque

Le phénomène a été découvert en 1839 par Edmond Becquerel. Dans la famille Becquerel, il faut dire que c'est le fils d'Edmond, Henri Becquerel, qui est le plus connu. Il fut lauréat du prix Nobel de physique en 1903, avec les époux Curie, pour sa découverte de la radioactivité. Mais ici, c'est Edmond qui nous intéresse. Il a en effet compris que certains matériaux, sous l'effet de la lumière solaire, développaient une tension électrique. Résultat : de l'électricité à partir de la lumière naturelle, à condition de faire le choix du bon matériau. Les panneaux solaires, ou cellules photovoltaïques, sont en général constitués de matériaux semi-conducteurs, c'est-à-dire des matériaux dont les propriétés électriques ressemblent à celles des isolants, mais avec une conductivité plus grande sous certaines conditions. Ces semi-conducteurs sont à la base de toute l'électronique. Le matériau semi-conducteur par excellence est le silicium, sur lequel repose le monde numérique dans lequel nous vivons... ainsi que les panneaux photovoltaïques traditionnels.

Par leur présence dans l'atmosphère, ce rayonnement infrarouge que la planète doit évacuer reste piégé et contribue ainsi au réchauffement de notre cocon gazeux... Océans et continents se réchauffent à leur tour à son contact. Les climatologues estiment que notre planète gagnera entre 1 et 5 °C en moyenne, d'ici la fin du siècle. Ces évaluations ont été revues à la hausse en décembre 2017. Deux chercheurs de l'Institut Carnegie de l'université de Stanford (États-Unis) avancent maintenant une augmentation de température qui serait comprise entre 3,2 et 5,9 à l'horizon 2100[27].

Il est donc urgent que les États réduisent leurs émissions de gaz à effet de serre. Une des voies les plus étudiées est d'utiliser l'énergie du soleil pour produire de l'électricité et cela passe pour l'instant par l'utilisation du silicium (voir encadré). Abondant et bon marché, ce matériau s'est

27 www.nature.com/articles/nature24672.

révélé au cours des années comme la panacée. Il n'a qu'un seul défaut : son rendement tourne autour de 10 à 18 % seulement, c'est-à-dire qu'utilisé comme composant actif de panneaux photovoltaïques, il ne restitue qu'entre 10 et 18 % de l'énergie solaire reçue. C'est pourquoi les spécialistes sont en permanence à la recherche de matériaux différents. Des composés aux noms plus exotiques comme le séléniure de cuivre et le séléniure d'indium à base de sélénium, indium et gallium, ou encore le tellurure de cadmium, un composé de tellure et de cadmium. Seulement, il s'agit d'éléments très peu abondants dans l'écorce terrestre et ils ne peuvent supporter le développement de toute une filière. Alors est venue l'idée de modifier les performances du silicium lui-même, en y ajoutant quelques pincées de nanoparticules.

Quand les nanos augmentent le rendement

L'énergie dispensée par le soleil est répartie sur une large gamme de longueurs d'onde, les visibles (les couleurs de l'arc-en-ciel) et les invisibles (comme les rayonnements infrarouge et ultraviolet). Une des raisons pour lesquelles le rendement du silicium est si faible est que ce matériau n'absorbe pas toutes les longueurs d'onde de la lumière naturelle, en particulier les grandes longueurs d'onde comme celles d'une partie de la lumière visible et de l'infrarouge. Comment faire en sorte que la cellule photovoltaïque puisse les utiliser ? On recouvre le panneau de silicium d'un film qui contient des nanoparticules absorbant dans l'infrarouge, ce qui augmente le rendement jusqu'à 30 %[28]. Cela signifie que la même superficie de

28 https://nanotechnologiephotovoltaique.jimdo.com/ii-photovolta%C3%AFque/b-photovolta%C3%AFque-avec-des-nanomat%C3%A9riaux.

cellules photovoltaïques peut fournir 30 % de plus d'énergie. Par ailleurs, l'utilisation de nanofils de quelques nanomètres d'épaisseur permet d'absorber les petites longueurs d'ondes et donc les rayons ultraviolets du soleil. Ces solutions sont déjà à l'œuvre.

Mais les panneaux solaires de demain devront composer avec les exigences les plus folles des architectes. Plutôt que de disposer des panneaux rigides sur les toits des immeubles, pourquoi ne pas imaginer des revêtements à la fois élégants et souples qui pourraient aussi capter l'énergie du soleil ? C'est ce défi qu'a relevé, grâce à l'utilisation des nanoparticules, la société Nanosolar, basée en Californie (États-Unis)[29]. Elle a élaboré un film étirable à partir d'une encre conductrice qui inclut des nanoparticules à base de cuivre, indium, gallium et sélénium, d'où le nom du procédé, CIGS. Son rendement peut atteindre 20 %, bien plus que celui des panneaux solaires et ce film étirable peut être transporté bien plus facilement que les panneaux rigides, d'où un coût bien moindre. En outre, il peut recouvrir la façade même de l'immeuble qui fournira ainsi l'énergie indispensable aux résidents.

Ainsi grâce à l'adjonction des nanoparticules, l'utilisation de l'énergie solaire peut gagner en compétitivité par rapport à la filière des combustibles fossiles comme le charbon, le fioul et le gaz.

LES NANODÉPOLLUEURS

Certes, le climat constitue une part importante des préoccupations environnementales, mais la qualité de l'eau et de l'air présente aussi un enjeu majeur. La pollution

29 www.nanosolar.com.

continue des aquifères diminue les ressources disponibles en eau. Les contaminants sont souvent des molécules organiques, comme celles issues des produits phytosanitaires utilisés par l'agriculture intensive.

Comment dépolluer ? Une des premières inventions a été le filtre mécanique. L'idée semblera simple à tous ceux qui règlent leurs problèmes de grumeaux dans la pâte à crêpe avec un tamis. Pour retenir les grosses molécules, il suffit de concevoir un filtre dont la grille est très serrée : des membranes qui laissent passer l'eau et retiennent les molécules organiques, sauf que pour retirer les polluants de petites tailles, il faut usiner les filtres à l'échelle des molécules organiques. Ils doivent donc être nanostructurés.

Mais au-delà des membranes pour la purification de l'eau, les nanoparticules interviennent de bien d'autres manières, notamment dans les boues des stations d'épuration. La championne de ces actions est la nanoparticule de fer, dans un état particulier où elle est appelée nanoparticule de fer zéro-valent[30]. Une fois que les eaux usées ont pris le chemin des stations d'épuration, c'est elle qui intervient.

Et des boues, il s'en produit de 15 à 20 kg par an et par habitant. Elles peuvent contenir des métaux lourds, des phosphates et des nitrates, des polluants organiques. Dans un premier temps, ces polluants deviendront un festin pour les micro-organismes qui s'en nourrissent et produisent du biogaz riche en méthane, utilisable comme source d'énergie. Mais pour finir le travail, interviennent les nanoparticules de fer. Leur surface spécifique importante — en tant que nanoparticules — les rend très réactives et, de plus, grâce à leur petite taille, elles peuvent

30 www.sciencedirect.com/science/article/pii/S0304389413009941 et http://bvs.mag.anses.fr/sites/default/files/BVS-mg-023-Sivry.pdf.

aller loin, atteindre les profondeurs des boues ou des zones à traiter. Plusieurs études concluent à leur efficacité : ces nanoparticules donnent un coup de pouce aux micro-organismes et augmentent la production du biogaz, tout en diminuant les émanations nauséabondes. Mais ce mode de traitement est encore en cours d'analyse et sa faisabilité à grande échelle n'est pas encore totalement démontrée.

En attendant, ces mêmes nanoparticules de fer sont intervenues de manière efficace dans le projet Nanofrezes (acronyme de « Nanoparticules de fer pour la remédiation des eaux souterraines »)[31]. Cette méthode a été testée sur un site pollué au trichloroéthylène (TCE) avec pour principe d'action une réaction d'oxydoréduction. Ce type de réaction chimique est très répandu dans la nature : il s'agit d'un échange d'électrons. L'espèce chimique qui capte les électrons est un oxydant, celle qui les cède est un réducteur. Or, le fer zéro-valent est très réducteur. Tout se passe comme si les nanoparticules de fer s'oxydaient et, ce faisant, grâce à leur pouvoir réducteur, transformaient les molécules organiques polluantes en fragments moins nocifs.

Cependant la difficulté est qu'il a fallu acheminer les nanoparticules de fer jusqu'aux molécules de TCE. Car à peine injectées dans le sol, les nanoparticules pouvaient s'oxyder très vite et perdre ainsi leur capacité d'oxydoréduction avant même de parvenir au TCE. Il a fallu trouver une astuce pour que les nanoparticules ne réagissent pas dans les couches superficielles du sol.

L'idée des scientifiques a été d'enrober les nanoparticules d'une couronne de cellulose pour les préserver de cette oxydation rapide. Ainsi coiffées, elles ont pu atteindre

31 https://hal.archives-ouvertes.fr/ineris-00971176, étude menée par l'université d'Aix-Marseille, l'Ineris, le Cerege et plusieurs entreprises.

les molécules polluantes. Par ailleurs, les chercheurs se sont demandé si l'injection de nanoparticules de fer n'était pas nocive pour les micro-organismes qui jouent aussi un rôle important dans la dépollution. Les études ont montré que jusqu'à une concentration de 70 mg/l de nanoparticules de fer, les bactéries n'étaient nullement endommagées. Cette filière aussi attend d'être évaluée et ainsi d'être adaptée à plus grande échelle.

Arsenic et eau potable

Habituellement, il fait partie de l'arsenal des *serial killers*. Mais à petites concentration, l'arsenic peut se trouver dans l'eau potable et provoquer — à partir de ces faibles doses — une intoxication chronique. En effet, la croûte terrestre contient de l'arsenic qui peut se dissoudre dans les eaux des puits. Selon l'Organisation mondiale de la santé, l'utilisation de cette eau contaminée pour la préparation des repas, l'irrigation des cultures peut être source d'intoxication[32]. De même, les plants de tabac absorbent l'arsenic du sol et les fumeurs se trouvent ainsi exposés. Ses effets à long terme ont été pointés par le Centre international de recherche sur le cancer : peau, vessie et poumons peuvent être affectés. Neurotoxique, il peut entraîner des dommages irréversibles sur l'embryon. Pour l'eau potable, l'OMS définit la norme de 10 microgrammes/litre. Or, à cause de leurs particularités géologiques, certains sols sont bien plus riches en arsenic que d'autres. C'est le cas du Bengladesh où la norme nationale de tolérance pour l'arsenic est de 50 microgrammes/litre, soit cinq fois plus importante que celle de l'OMS. Ce qui n'empêche pas 20 millions d'habitants

32 www.who.int/mediacentre/factsheets/fs372/fr.

Puiser de l'eau douce dans les océans

Alors que 70 % de la surface de la Terre sont recouverts par des océans, de nombreux pays manquent d'eau douce. L'utilisation des ressources de la grande bleue pour satisfaire ces besoins en eau est un enjeu important pour les prochaines décennies. Mais la solution actuelle de l'osmose inverse se heurte à un problème de coût. Son principe est de filtrer l'eau salée à travers des membranes comportant des pores de quelques nanomètres de diamètre, qui laissent passer les molécules d'eau sans les sels minéraux. Mais il faut exercer une pression constante sur cette membrane, ce qui consomme de l'énergie. Pour financer ce procédé d'obtention d'eau douce, les États concernés – souvent riches en réserves pétrolières – utilisent les combustibles fossiles.

Comment diminuer le coût de ce procédé et augmenter le rendement ? Les chercheurs du laboratoire national Lawrence Livermore (États-Unis) ont utilisé des nanotubes de carbone pour concevoir un nouveau type de membrane[33]. Ces nanotubes dont le diamètre est inférieur au nanomètre, soit 0,8 nm, permettent eux aussi d'acheminer l'eau sans les sels minéraux. De plus, leur surface intérieure lisse et leur diamètre très réduit font que l'eau passe à une vitesse d'écoulement jusqu'à 1 000 fois supérieure à celle obtenue au travers des membranes poreuses, le tout sans devoir exercer une pression continue.

d'être exposés à des taux d'arsenic encore supérieurs à la norme nationale.

Là aussi, les nanoparticules de fer vont pouvoir intervenir. En effet, les chercheurs du Center for Biological and Environmental Nanotechnology (CBEN) de Rice University ont exploité les propriétés des nanoparticules de fer, sensibles aux champs magnétiques et très réactives par rapport à l'arsenic[34]. C'est donc compte tenu de ces deux comportements, qu'ils ont mis au point leur piège à

33 http://science.sciencemag.org/content/357/6353/792.

34 http://news.rice.edu/2006/11/09/nanorust-cleans-arsenic-from-drinking-water.

arsenic. Le principe, une fois divulgué, semble très simple : disperser des nanoparticules de fer pour qu'elles puissent réagir avec l'arsenic, puis à l'aide d'un aimant récupérer fer et arsenic ensemble. Mais bien plus dur à réaliser qu'à annoncer. Bien sûr, comme la réactivité chimique est d'autant plus grande que la surface spécifique est importante, les nanomatériaux correspondent bien à cette configuration (voir chapitre 1). Ils établissent donc une liaison chimique très forte avec l'arsenic. Mais les récupérer est bien plus compliqué ! En effet, la force magnétique est proportionnelle au volume de la nanoparticule, et celui-ci est extrêmement faible, sans compter que dans l'eau, notre nano collé à l'arsenic ne reste pas immobile, mais se laisse porter.

Tout le problème est donc de parvenir à pêcher des nanoparticules avec un aimant. Celles utilisées par les chercheurs de l'université de Rice ayant une taille inférieure à 20 nm, quel champ magnétique faut-il appliquer pour récupérer un si minuscule objet ? La bonne surprise de cette expérience est dans la propension des nanoparticules à se rassembler pour former des agglomérats. Ainsi l'application d'un champ magnétique permet de remonter les nanoparticules de fer agglomérées et, par la même occasion, l'arsenic. Sans compter que le fer peut être ainsi récupéré. Cette méthode a permis de réduire le taux d'arsenic dans l'eau potable pour le ramener aux niveaux conseillés par l'OMS.

Nanorenifleurs

Toute combustion carbonée — comme celle du bois, du charbon, du gaz naturel, du gaz butane, du mazout de chauffage — libère du dioxyde de carbone ou CO_2. En lui-même, le CO_2 n'est pas toxique. Mais lorsque l'apport d'oxygène est insuffisant et à température élevée, c'est du monoxyde de carbone (CO) qui se forme préférentiellement. Seul un atome d'oxygène les distingue (un pour le CO, deux pour le CO_2), sauf que le CO est hautement toxique. Et parfois la vie ne tient qu'à la détection de très peu de molécules de CO juste à temps. Le monoxyde de carbone détient un triste record : son inhalation constitue la première cause d'intoxication en France[35].

Sa toxicité est due à son attirance pour l'hémoglobine du sang. Celle-ci est en charge d'acheminer l'oxygène depuis les poumons jusqu'aux cellules. Or quand le CO s'y fixe, il prend la place de l'oxygène. Il a une affinité plus de 200 fois supérieure avec l'hémoglobine que l'oxygène ! De ce fait, l'oxygène ne peut plus parvenir aux cellules. Mais la difficulté avec le CO est qu'il est totalement inodore et incolore. Difficile de se rendre compte avant l'intoxication, d'où l'obligation de s'équiper le plus possible de détecteurs de ce gaz.

C'est dans ce contexte que les nanoparticules entrent en scène : l'un des projets sélectionnés comme PEPS (projets exploratoires premier soutien)[36] propose d'utiliser une nanopoudre qui présente la particularité de convertir spécifiquement le CO en CO_2. À la base de cette poudre, un alliage d'or et de platine et un métal oxydable, comme le cérium ou le zirconium, réduit à l'état de nanoparticules. Cette poudre est incorporée dans un matériau transparent et poreux déposé en couche mince sur un composant réfléchissant la lumière. En présence de CO, cette couche mince qui contient la poudre s'échauffe,

35 www.planetoscope.com/Sante-autre/1440-intoxications-au-monoxyde-de-carbone-en-france.html.

36 Mené par le laboratoire Symme (Université de Savoie) avec les laboratoires IrceLyon (Université Lyon I - CNRS), IES (Université Montpellier II - CNRS), IM2NP (Université Aix-Marseille III) ainsi que la PME Kloe (Montpellier).

ce qui provoque une modification de ses propriétés optiques et entraîne une variation de l'intensité lumineuse du dispositif. De très faibles quantités de CO peuvent être ainsi repérées.

À part le monoxyde de carbone que l'on peut ainsi détecter rapidement dans les habitations ou lieux de travail, il y a d'autres molécules gazeuses dont la détection serait utile aux pompiers et services d'urgence aux cours de leurs actions sur le terrain. Le projet Nanosensofin utilise des transistors à base de nanotubes de carbone pour la détection des espèces gazeuses à des concentrations d'une particule sur un million (1 ppm)[37] ! Ce capteur est capable de déceler une signature spécifique à chaque gaz : l'ammoniac (NH_3), les oxydes d'azote (NO_x) mais aussi le méthylphosphonate de diméthyle (DMMP), ce produit classé comme partiellement mutagène et carcinogène (qui peut entraîner un cancer) s'il se trouve inhalé, et utilisé comme retardateur de flamme ou encore comme additif dans les solvants tels que l'essence. Il intervient dans la synthèse du gaz sarin, neurotoxique considéré comme arme de destruction massive. Le développement de tels capteurs peut améliorer l'organisation des secours au cours des opérations d'urgence.

APRÈS LE SERVICE

Ainsi l'utilisation des nanomatériaux permet de concevoir des dispositifs de plus en plus précis, de plus en plus petits, que l'on peut transporter partout et qui permettront d'intervenir efficacement dans des situations d'urgence ou de propulser les énergies renouvelables. Mais

37 www.nsti.org/publications/Nanotech/2011/pdf/632.pdf.

hélas, comme pour tous les objets manufacturés, arrivera un moment où ils seront considérés comme obsolètes, soit parce qu'un procédé plus performant aura vu le jour, soit pour des raisons d'obsolescence programmée. Il faut en effet que les objets aient une durée de vie limitée pour convenir aux diktats de la croissance économique. Que deviennent alors les nanomatériaux qui font partie, pendant un temps, de ces produits ultraperformants?

Un rapport de l'OCDE précise qu'aujourd'hui la très grande majorité de ces produits prennent le chemin des incinérateurs ou sont déposés dans les décharges pour déchets industriels ou ménagers[38]. La solution préférable serait leur récupération et leur recyclage afin d'éviter la contamination des sites et des sols, et aussi leur revalorisation industrielle. Mais, même lorsque la filière vertueuse du recyclage a été mise en place, on n'a pas vraiment pensé au tri entre produits contenant des nanomatériaux et les autres. Or, le traitement des nanos nécessite des conditions particulières pour le respect de la santé des travailleurs et de l'environnement : en effet, toute opération habituelle de broyage, déchiquetage et traitement thermique risque de disperser les nanoproduits.

Pour l'heure, aucune étude approfondie n'a été menée sur le sujet et l'organisation internationale souligne la nécessité de se pencher sur cette période de leur vie. Ils seront de plus en plus sur le marché des déchets au cours des prochaines décennies. On peut déjà parier que la solution pour concevoir des procédés innovants de recyclage des nanomatériaux passera justement par leur utilisation !

---

38 www.oecd.org/officialdocuments/publicdisplaydocumentpdf/?cote=ENV/EPOC/WPRPW(2013)2/FINAL&docLanguage=Fr et www.oecd.org/environment/nanomaterials-in-waste-streams-9789264249752-en.htm.

6

LES NANOMATÉRIAUX SONT-ILS TOXIQUES ?

Plus de 1 800 produits de consommation courante contiennent aujourd'hui des nanoparticules, mais l'on ne dispose toujours pas d'une définition précise de ces lilliputiennes… Pire, même : encore plus difficile d'évaluer leur toxicité !

C'est un cas de figure que le consommateur espère inhabituel dans le monde industriel : produire des entités sans en appréhender le risque toxique. En effet, malgré l'explosion du nombre de nanoparticules dans les produits quotidiens, la question de leur toxicité, surgie il y a une dizaine d'années, n'est pas maîtrisée. L'industrie pharmaceutique dont la transparence est parfois critiquée procède autrement pour l'évaluation des médicaments. Il se passe souvent des années avant que le principe actif — une nouvelle molécule par exemple — soit testé et évalué pour obtenir finalement une autorisation de mise sur le marché. Comment expliquer que dans le cas des nanos, la charrue ait été placée avant les bœufs ?

UN PARFUM DE DÉJÀ VU

Il faut sans doute se replonger dans l'histoire de ce nanomonde pour comprendre pourquoi les effets des nanoparticules n'ont pas été évalués avant leur utilisation dans les produits de grande consommation.

La raison principale est que les propriétés des nanoparticules ont surpris tout le monde. En effet, les produits utilisés, comme le carbone, l'or et l'argent, n'étaient pas inconnus des industriels qui avaient donc le sentiment d'avancer en terrain très balisé : après tout, seule changeait la présentation de ces ingrédients… Jusque-là, la taille d'un ingrédient ne suscitait aucune inquiétude et n'obligeait pas à un examen supplémentaire de l'innocuité du produit. Et même, certains matériaux sous forme de particules, comme le dioxyde de titane, étaient utilisés depuis longtemps, le blanc de titane des peintures d'autrefois étant là pour le rappeler. C'est ainsi que sans l'obligation pour les industriels de s'interroger sur les propriétés de ces nanoparticules, les consommateurs ont vu fleurir de plus en plus de ces ingrédients dans les produits courants.

Quand une pollution en éclaire une autre

Mais comme parfois en histoire des sciences, le coup de projecteur qui éclaire une discipline arrive depuis une autre communauté. Ce sont les toxicologues qui ont réagi les premiers. En effet, comme le rappelle Francelyne Marano, professeur émérite de biologie cellulaire et de toxicologie à l'université Paris-Diderot, membre du Haut Conseil de santé publique et vice-présidente de la commission spécialisée Risques liés à l'environnement, les toxicologues s'étaient déjà penchés sur des objets présentant quelques similitudes avec les nanoparticules[39]. Il s'agissait des particules fines en suspension dans l'air que nous respirons, la fameuse pollution atmosphérique qui fait beaucoup parler d'elle depuis quelques décennies et qui oblige les villes à développer des politiques spécifiques. Cette présence atmosphérique qui est le mal des sociétés industrialisées est suivie depuis 2005. Désignée sous le nom de « matière particulaire », PM en anglais, elle est classée selon la taille des particules, désignée en micromètres (µm), c'est-à-dire un millionième de mètre, soit mille fois la taille du nanomètre. Certes, elles sont plus grosses que les nanoparticules qui nous intéressent, mais le bas de l'échelle qui leur est attribuée peut les faire entrer dans la catégorie des nanos.

Ainsi les PM_{10} ont un diamètre égal ou inférieur à 10 µm, et des catégories inférieures existent pour désigner toute la gamme. Les $PM_{2,5}$ (de taille égale ou inférieure à 2,5 µm) sont qualifiées de particules fines, celles qui sont de taille égale ou inférieure à 1 µm ($PM_{1,0}$) sont appelées très fines et, enfin, ce sont les particules ultrafines — 0,1 µm, donc 100 nm — qui pourraient entrer dans la catégorie des nanoparticules en l'état actuel de la définition retenue par l'industrie. Ces particules ultrafines sont souvent d'origine naturelle : les éjections d'éruptions volcaniques, les feux de forêts par exemple, qui viennent rejoindre, dans l'atmosphère, leur cousines de plus grosse taille issues du chauffage au bois, les poussières d'usinage des matériaux mais aussi les particules issues des moteurs diesel.

Dans notre environnement, au quotidien, à des degrés divers selon notre lieu de vie, nous respirons tous ces

39 Loumé L., Marano M., 2018. *Notre air est-il respirable ?* Quæ.

« matières particulaires » et leur taux élevé est considéré comme un facteur de risque dans des affections chroniques comme l'asthme ou encore dans les maladies cardiovasculaires et les cancers. Les toxicologues avaient bien remarqué l'action très différente des PM en fonction de leur taille et aussi toute une chimie complexe qui se met en place dès leur libération. Prenons par exemple les particules émises par les moteurs des véhicules automobiles, en particulier ceux qui sont de type diesel. Elles sont sous forme solide, composées pour l'essentiel de carbone élémentaire et imprégnées de molécules organiques dont des molécules aromatiques. Cela étant dit, si les particules de base ont un diamètre de 2 à 10 nm, elles génèrent, aussitôt émises, des agrégats plus gros. Cette dynamique complexe ne diminue pas leur nocivité, mais complique la tâche des toxicologues.

Petit pas pour aller loin

Lorsqu'une particule en suspension dont la taille dépasse 10 µm prend le chemin de notre nez, elle ressemble à un gros balourd s'engageant dans un labyrinthe tapissé de ralentisseurs. Pas moyen d'aller bien loin : à peine contournés quelques poils du nez, elle s'arrête là, terrassée sous l'action du mucus. C'est alors que son sort se joue : soit évacuée *manu militari* à la faveur d'un éternuement, ou prise en charge par le système de défense naturelle de l'organisme.

Les autres, celles qui ont une taille inférieure à 10 µm, passent allègrement à travers les ralentisseurs nasaux et atteignent les bronches. Certaines arrêtent leur course à ce niveau mais les plus petites peuvent encore atteindre les bronchioles et même les alvéoles pulmonaires. Ces structures, qui ressemblent à des grappes entourées de vaisseaux capillaires, sont les plus profondes des poumons.

Les particules qui parviennent en ce point sont en principe dans un cul de sac : là se trouve le bout du bout du poumon. Mais certaines, ultrafines, sont encore capables de traverser la mince barrière pulmonaire — l'épithélium qui est très proche de la paroi des vaisseaux capillaires — à travers laquelle s'effectuent les échanges gazeux avec le sang. C'est ainsi que certaines particules ultrafines passent dans le sang. Les toxicologues estiment qu'environ 10 à 20 % des particules ultrafines qui parviennent à ce stade ne seront pas éliminées.

Or, dans les années 2005, lorsque ces résultats ont été connus, le développement industriel des nanoparticules était aussi en plein essor. C'est dans ce contexte que s'est posée la question de leur toxicité : peuvent-elles se comporter comme leurs cousines, les particules ultrafines, qui se faufilent au plus profond des poumons ? Plusieurs éléments justifiaient la comparaison, comme la similarité des formes. Les nanotubes de carbone, cette association d'atomes de carbone en forme de feuillets concentriques enroulés, pouvaient être comparés à une fibre tristement célèbre, l'amiante. Formée de silicates de magnésium, l'amiante a été très utilisée, pour ses propriétés réfractaires et sa résistance à la chaleur, comme ignifuge et isolant. Si aujourd'hui son utilisation est interdite, c'est parce que l'inhalation de ses fibres provoque une fibrose pulmonaire — connue depuis un siècle sous le nom d'asbestose — mais ses liens avec les différentes formes de cancer n'ont été établis qu'au tournant des années 2000 et confirmés de nouveau par l'Anses en 2017[40].

40 www.anses.fr/fr/system/files/AIR2016SA0034Ra.pdf.

Étude de toxicité difficile

C'est ainsi que les toxicologues ont été les premiers à s'intéresser aux nanoparticules. Une tâche difficile : en effet, leur toxicité ne peut pas être démontrée rapidement. Leur absorption ne provoque pas immédiatement des symptômes. Comme de nombreux autres domaines de la santé environnementale — exposition à une radioactivité ou aux perturbateurs endocriniens — c'est l'accumulation de petites doses sur des temps d'exposition plus ou moins longs qui est au cœur du problème. Pour effectuer des études épidémiologiques, il faut considérer une population exposée, par exemple les travailleurs du secteur, puis constituer ainsi des cohortes, pour effectuer des tests selon une méthodologie précise, éliminer tout autre facteur qui jouerait un rôle et les suivre sur plusieurs années.

Mais faute d'un recul suffisant pour cette évaluation, les toxicologues ont fait avec les moyens des labos. Il s'agissait d'utiliser des animaux de laboratoire, des cultures cellulaires provenant de différents organes ou encore, des macromolécules comme l'ADN, support de l'information génétique.

Les résultats de ces études continuent à tomber. Cependant il semble toujours difficile de les extrapoler aux individus. En effet, les nanoparticules une fois lâchées dans la nature sont les plus malines du monde. Car elles n'existent pratiquement jamais individuellement ! Dès qu'un de ces minus se retrouve isolé, il ne cesse de vouloir se coller à n'importe lequel de ses cousins qui passe à proximité. Leur grande réactivité et leur mobilité sans borne leur donnent cette faculté. Ainsi agglomérés, ils forment des composés complexes. Et c'est sous cette forme qu'ils pénètrent dans l'organisme.

Parfois, ceux que nous respirons et qui s'acheminent dans nos voies respiratoires, au fur et à mesure de leurs déplacements, se parent d'une ribambelle de molécules complexes piochées dans le mucus et poursuivent leur voyage ainsi entourés. Leur enrobage fait que leur passage est facilité : c'est pourquoi les spécialistes évoquent la stratégie du « cheval de Troie », en référence à la mythologie grecque. Les nanoparticules passent ainsi la barrière, ni vues ni connues.

D'autres fois, leur guirlande est faite de polluants atmosphériques. C'est donc toujours un édifice chimique minuscule et complexe, dont la composition est difficile à prédire, qui franchit nos narines. Cette manie de se parer d'une couronne de molécules complexes piochées dès leur émission est appelée « effet corona ». Plus leur temps de présence dans un milieu traversé est important, plus ils chargent leur couronne. Or à cause de cette couronne imprévisible, il est difficile d'extrapoler dans le milieu réel les effets des nanoparticules lors des tests de laboratoires. C'est dans ce contexte que l'expérimentation animale apporte la réponse la plus proche du cas humain.

Entre autres questions difficiles à aborder au laboratoire, il y a le fait que dans l'organisme, les nanoparticules qui parviennent aux poumons se déplacent. Et pendant une décennie, les chercheurs s'interrogeaient sur leur devenir.

LE CORPS EST-IL PRÉPARÉ AUX NANOPARTICULES ?

La question que se posent les toxicologues semble au premier abord très abstraite : ces nanoparticules sont-elles capables de traverser les barrières biologiques de l'organisme ? Depuis quelques années, ceux qui ont mené des expériences sur les animaux de laboratoire ont tendance à répondre positivement, et de récents travaux ont confirmé ces résultats (voir introduction et chapitre 2), même si parfois des industriels les contestent, soutenant l'innocuité de leur produit.

En franchissant des barrières

Qu'est-ce qu'une barrière biologique de l'organisme ? Il s'agit d'une enveloppe qui protège les organes des intrus — que ce soient des nanoparticules ou des agents pathogènes. Au sein de l'organisme, il existe plusieurs barrières biologiques. C'est le cas de la barrière pulmonaire qui protège et isole le système respiratoire — depuis les narines jusqu'au bout des alvéoles. L'intrus qui parvient jusqu'aux alvéoles est en principe repéré par des cellules du système immunitaire — des macrophages — qui parviennent habituellement à phagocyter les agents pathogènes. Mais sont-elles capables d'éliminer aussi les débris non organiques comme des nanoparticules de silice ou d'argent ? Bref, que deviennent tous ces minus manufacturés ? Les toxicologues estiment qu'aujourd'hui environ 10 à 20 % des nanoparticules restent dans les alvéoles et parviennent à dépasser la barrière pulmonaire pour atteindre le système sanguin ! Les 90 à 80 % autres sont retenus par le mucus.

Une autre barrière biologique est celle de l'intestin. C'est elle qui devrait nous préserver des nanoparticules qui sont ajoutées aux denrées alimentaires une fois que nous avalons bonbons brillants, sauces et biscuits… ou encore un peu de dentifrice par inadvertance. Mais les travaux d'Éric Houdeau (voir chapitre 2) ont montré qu'il n'en est rien. Elles sont bien capables de franchir la barrière biologique de l'intestin.

Reste encore la plus étendue des barrières biologiques : la peau. Elle forme une surface protectrice et délimite le monde intérieur de l'extérieur. Elle constitue une structure multicouche formée de l'épiderme et du derme, une région très vascularisée qui ouvre le passage dans le sang. Or les cosmétiques qui contiennent des nanoparticules sont étalés directement sur la peau. Les toxicologues s'interrogent par exemple sur le devenir des nanoparticules de dioxyde de titane qui sont susceptibles de la traverser.

Pour répondre à la question, les experts de l'ANSM (l'Agence nationale de sécurité des médicaments et des produits pour la santé) ont utilisé trois études menées aux États-Unis sur des porcs et des souris en 2004, 2009 et 2010[41]. À chaque fois, les animaux ont reçu au niveau cutané des crèmes contenant des nanoparticules de dioxyde de titane et d'oxyde de zinc, qui sur une partie du dos, qui sur l'oreille préparée de la même manière. Une fois le protocole expérimental terminé, les bêtes ont été euthanasiées, leur peau prélevée et congelée en vue d'analyse ultérieure. Les trois expériences montrent que les nanoparticules ne franchissent pas la barrière entre l'épiderme et le derme, même si les plus petites particules de quelques nanomètres parviennent à atteindre les cellules basales de l'épiderme. Ainsi il n'y a pas de risque de pénétration au niveau de la zone vascularisée.

C'est sur la base de cette étude que l'ANSM a élaboré ses recommandations : « ne pas utiliser de produit cosmétique notamment les produits de protection solaire contenant du dioxyde de titane sous forme nanoparticulaire sur la peau lésée, à la suite d'érythèmes solaires

41 http://ansm.sante.fr/var/ansm_site/storage/original/application/af86f9684f0e2810a7cf1d5b0cefb0d5.pdf.

(ou "coups de soleil") par exemple, et ceci en l'absence de données d'absorption cutanée spécifiques, et sur le visage et dans des locaux fermés lorsque ces dernières sont contenues dans des "sprays" aérosol, dans l'attente de données permettant de finaliser l'évaluation du risque par voie aérienne ».

Ainsi, lorsque l'épiderme n'est pas intact, les nanoparticules peuvent pénétrer dans le derme et l'utilisation de sprays ouvre une autre porte d'entrée aux nanoparticules. En effet, celles-ci peuvent se retrouver dans l'environnement et se disperser puis être inhalées. Une application « normale » ne devrait donc pas poser problème sauf qu'il y a encore un hic : pour ces expériences, les surfaces de la peau des animaux ayant reçu les crèmes ont été soigneusement rasées et préparées (ou étaient parfaitement glabres). Or les auteurs soulignent la présence des nanoparticules au niveau des follicules pileux qui pourraient y trouver un nouveau chemin.

Je les ai dans la peau

Mais la peau ne reçoit pas que de la crème. À la différence des crèmes antirides, solaires, hydratantes, ces produits que l'on étale et qui ne doivent pas en principe traverser l'épiderme le temps de l'exposition, un tatouage est destiné à durer. Cœur traversé par une flèche, déclaration d'amour ou dragon qui déploie ses ailes, sur un bras musclé ou un dos bronzé, sont du plus bel effet, sauf qu'au cours du temps la flèche peut migrer, le dragon perdre ses couleurs et l'amour pâlir !

Or, en septembre 2017, un résultat d'analyse effectué au Synchrotron de Grenoble est venu semer le trouble chez les nombreux adeptes du tatouage[42]. En effet, les chercheurs ont identifié des nanoparticules de dioxyde de titane dans les ganglions lymphatiques de personnes tatouées. Ces intruses, présentes dans l'encre de tatouage, avaient migré au cours du temps. Il s'agit de pigments blancs qui viennent nuancer la couleur des autres pigments utilisés. Certes la majorité des pigments sont organiques mais ils comportent — pour durer — des conservateurs à base de nickel, manganèse, cobalt ou chrome. Ainsi, lorsque la peau reçoit des substances durables, elle ne se comporte plus en barrière infranchissable.

Jusqu'au cerveau

Reste enfin la barrière hémato-encéphalique considérée comme la plus impénétrable de l'organisme : cette membrane sépare la circulation sanguine du fluide céphalorachidien dans lequel baigne le cerveau et la moelle épinière. Son étanchéité est la garante du bon fonctionnement cérébral. Les nanoparticules sont-elles capables de traverser cette barrière-là ? Les travaux de Barbara Maher et de son équipe, de l'université de Lancaster au Royaume-Uni, ont apporté la preuve que c'est bel et bien possible[43] !

Ces chercheurs ont examiné les tissus cérébraux provenant de 37 personnes ayant vécu à Manchester (Royaume-Uni) et à Mexico (Mexique), deux villes connues pour leur pollution atmosphérique importante. Ils ont trouvé des nanoparticules de magnétite, des sphères de 18 à 150 nm, qui ne ressemblent en rien aux particules biologiques de magnétite naturellement présentes dans

42 www.nature.com/articles/s41598-017-11721-z.
43 www.pnas.org/content/113/39/10797.abstract.

l'organisme. Les caractéristiques de ces nanoparticules montrent qu'elles se sont formées à haute température, lors d'un échauffement lié à une combustion incomplète ou lors du freinage brusque d'un véhicule.

Ces travaux prouvent que la barrière hémato-encéphalique peut être franchie par les nanoparticules aussi. Cependant, aucune étude ne peut se prononcer sur les conséquences. Les chercheurs s'interrogent sur le lien qui pourrait exister entre la présence de ces nanoparticules et la survenue des maladies neurodégénératives comme Alzheimer par exemple.

NANOTUBES BALADEURS

Les toxicologues doivent se contenter de ces quelques essais de laboratoire et des expérimentations animales, pour tirer des conclusions sur les effets des nanoparticules sur l'organisme. L'ingestion, l'inhalation ou l'exposition cutanée à ces nanoparticules n'ont pas d'effet immédiat. Il ne s'agit pas d'un poison qui provoquerait la mort subite ! Et pour l'heure — au vu de la jeunesse de cette industrie — il n'y a pas assez de recul pour se prononcer sur les populations exposées.

Devant l'ignorance dans laquelle nous sommes de l'exposition aux nanoparticules, ceux qui doivent être suivis et examinés avec beaucoup de rigueur sont les travailleurs du domaine. L'industrie des nanotechnologies a des travailleurs qui ont été exposés systématiquement. Il est important de veiller à ce que la proximité des installations destinées à la production n'ait pas de conséquences sur la santé des personnes.

Cette population a pu absorber des nanoparticules manufacturées, comme des nanotubes de carbone qui, pensait-on alors, ne devraient pas exister à l'état naturel. Ces travailleurs ont pu inhaler bien plus que la moyenne des habitants. Surtout, on n'imaginait pas qu'un risque puisse exister ailleurs qu'au voisinage des installations industrielles dédiées.

Dans les poumons des petits Parisiens

En octobre 2015, un article d'une équipe franco-américaine allait créer une grosse surprise[44]. Ces chercheurs se sont penchés sur le liquide de lavage broncho-alvéolaire de 64 enfants asthmatiques, soit 36 garçons et 28 filles âgés de 2 mois à 17 ans. Ce liquide récupéré après la bronchioscopie des patients a été conservé et étudié ainsi que les macrophages alvéolo-pulmonaires. Ceux-là mêmes qui sont censés digérer les intrus en les phagocytant. Or, ces spécialistes ont eu la surprise d'y découvrir la présence de nanotubes de carbone !

Comment ces produits manufacturés de l'industrie ont pu parvenir jusqu'aux poumons des enfants ? Pour répondre à la question, ils ont prélevé un peu de poussières des pots d'échappement d'une route très passante et ont analysé leur contenu. Pas de doute : les mêmes nanotubes de carbone étaient présents dans les poumons et dans les émissions des pots d'échappement.

Cette étude montre pour la première fois la présence des nanotubes de carbone, un produit manufacturé que l'on croyait confiné dans les usines, au plus profond des poumons des enfants, et *a fortiori* de tous ceux qui vivent en ville.

---

44 www.sciencedirect.com/science/article/pii/S2352396415301754.

Échappés des usines ?

Ces résultats ont mis tout le monde face à une situation très paradoxale : alors que les travailleurs du secteur prenaient toutes les précautions nécessaires, les nanotubes de carbone se retrouvaient en pleine rue.

Lorsque dans les années 1990, les revues scientifiques commencent à évoquer ces nanotubes, les procédés de fabrication semblent hors de portée du commun des mortels : il faut parvenir à reproduire des conditions de synthèse très spécifiques. Mais au cours des années qui ont suivi, les scientifiques ont compris que rien n'était plus facile que de produire ces tubes aux propriétés étonnantes. Et même, les premières communautés humaines ont dû commencer à produire des nanotubes de carbone lors de la découverte du feu, il y a quelques centaines de milliers d'années… sans même s'en rendre compte.

Aujourd'hui, les chimistes le savent : toute combustion incomplète forme des nanotubes de carbone. Or, il est rare qu'une combustion en dehors du laboratoire soit complète : centrale à charbon, chaudière mal réglée, feu de cheminée, incinération de déchets ménagers et surtout combustion des hydrocarbures, essence et diesel. De fait, en ville, il existe des milliers de sources de nanotubes.

Les toxicologues désireux d'étudier le cas des travailleurs du secteur, pour en apprendre plus sur le comportement de l'organisme exposé aux nanomatériaux dans sa globalité, seront déçus. Du moins si leurs recherches les mènent à travers les grands groupes où une politique responsable de protection des salariés a été mise en place. Mais alors que le marché mondial industriel est évalué à quelques milliers de tonnes de nanotubes par an, nul ne sait en réalité en quelle quantité ce matériau est produit dans notre environnement sous l'effet de l'activité humaine.

SI LOIN, SI PROCHE : LES PARADOXES D'UNE POLLUTION

En pénétrant dans les premières unités de production des nanomatériaux, le visiteur aurait pu se croire sur la lune. Des travailleurs en scaphandres s'affairent maladroitement ! Par la suite, il a été décidé de confiner la zone d'installation des réacteurs de fabrication des nanotubes. À l'image des salles blanches de l'industrie du spatial, les bâtiments sont conçus en pression négative. C'est-à-dire que la pression régnant dans ces zones est légèrement inférieure à la pression atmosphérique, ce qui conduit tout naturellement les particules vers l'intérieur de l'espace. Par ailleurs, le réacteur de fabrication est isolé avec une valve capable de récupérer les nanotubes qui s'en échapperaient.

Peut-on conclure que finalement, les unités de production ne laissent pas échapper les nanoparticules ? Pour répondre à cette question, il suffit de s'équiper d'un détecteur adapté. C'est ainsi qu'une campagne de mesure au sein de la société Arkema a produit des résultats surprenants, comme en témoigne Daniel Bernard, aujourd'hui président du comité Nanotechnologies des ingénieurs et scientifiques de France. Le taux de nanoparticules s'est révélé très important là où l'on s'y attendait le moins. En effet, le détecteur ne s'est pas manifesté dans les zones de production mais tout près du photocopieur. Par ailleurs, à chaque fois que des collaborateurs fumeurs allaient griller une cigarette à l'extérieur du bâtiment, un nuage de nanoparticules les entourait à leur retour : environ 300 000 nanoparticules / millilitre d'air !

Comment expliquer ces résultats ? Passons d'abord à proximité du photocopieur. Utilisé par tous, l'appareil n'est habituellement pas placé dans les zones de production de nanoparticules. En général, au secrétariat, dans un couloir passant ou encore tout près de la machine à café. Bref, dans les parties administratives et bureautiques de l'entreprise.

Or, la pièce principale de cet appareil, celle qui lui est totalement indispensable et qu'il faut souvent manipuler, car elle a besoin d'être remplacée de temps en temps, est la cartouche d'encre. Celle-ci est constituée de nanoparticules de noir de carbone, autrement dit de nanoparticules de carbone dont la taille varie entre 15 et 300 nanomètres. Elles forment des agrégats entre 85 et 500 nm, puis ces agrégats peuvent se rassembler pour constituer des agglomérats de quelques dizaines de micromètres.

Il existe plusieurs variétés de noir de carbone, le plus commun étant le noir de fumée. Son histoire a débuté en Chine, puisque la combustion incomplète des lampes à huile fournissait ce dépôt noir utilisé pour fabriquer les pigments de la fameuse encre de Chine. Le noir de carbone est présent dans les pigments et encres des toners des photocopieurs. De ce fait, chaque manipulation émet un nuage de nanoparticules. Ainsi le photocopieur se révèle le coupable numéro un dans l'environnement de travail. La réglementation stricte qui sévit dans les salles de production au cœur de l'usine ne le concerne pas, puisque, officiellement, son toner est considéré comme du matériel de bureautique.

Certes, la toxicité de la fumée de cigarette a déjà été démontrée, et comme tout produit de combustion incomplète, elle contient une grande quantité de nanoparticules. Parmi elles, on retrouve le plus connu des minus, alias le dioxyde de titane. Mais d'où provient-il ? Du papier qui enveloppe la cigarette ! Il serait ainsi plus blanc.

Voilà le paradoxe de notre époque. Toute une chimie complexe a lieu sous nos nez, dans la rue, à notre insu et sans contrôle, alors que là où ces produits sont identifiés, des mesures sont généralement prises pour éviter les risques de toxicité.

7

UN PEU D'ORDRE AU ROYAUME DES MINUS

Dans les années 1950, l'humoriste Pierre Dac créa le Schmilblick, qu'il définit comme un objet qui ne sert absolument à rien et peut donc servir à tout car il est rigoureusement intégral. C'est à partir de cette définition qu'au cours de nombreux jeux radiophoniques, les auditeurs tentèrent de deviner la véritable nature du Schmilblick. Les nanoparticules représentent le cas inverse. Chacun les décrit à sa manière selon son domaine d'étude : toxicologue, industriel, physicien ou chimiste ne retiennent pas les mêmes propriétés, et il semble difficile de trouver une définition qui regroupe toutes ces descriptions… Alors forcément, appliquer des normes juridiques à cet objet aux multiples identités n'est pas facile. Or, s'il est bien une tâche préalable à laquelle il faut s'atteler, c'est celle de nommer l'objet en question de sorte que ce nom désigne la même réalité auprès de toutes les communautés. Un premier pas indispensable pour maîtriser les risques et répondre aux incertitudes.

Daniel Bernard, qui participe au niveau européen à l'ensemble de ces travaux depuis 2005, a souvent pensé au récit de la tour de Babel, évoquée par le tableau de Brueghel l'Ancien au XVIe siècle. Cet épisode biblique du livre de la *Genèse* lui rappelle le cas des nanoparticules : Dieu pour ne pas que les hommes puissent construire une tour pour aller jusqu'au ciel a fait que chacun s'est mis à parler une langue différente pour que les gens ne puissent pas s'entendre. On l'aura bien compris, pour commencer à légiférer et prendre des mesures de sécurité, il faut passer par la définition.

EN ATTENDANT LA DÉFINITION

En octobre 2011, la Commission européenne a publié une recommandation afin de distinguer les nanomatériaux. C'est elle qui sert aujourd'hui à la législation dans le secteur :

> « Nanomatériau désigne un matériau naturel, formé accidentellement ou manufacturé, contenant des particules libres, sous forme d'agrégat ou sous forme d'agglomérat, dont au moins 50 % des particules, dans la répartition numérique par taille, présentent une ou plusieurs dimensions externes se situant entre 1 nm et 100 nm. »

Comme abordé au cours du chapitre 1, cette recommandation ne satisfait pas de nombreux professionnels et n'a pas, de fait, de valeur légale. Il faudra sans doute encore beaucoup d'efforts et d'études pour parvenir à une définition satisfaisante qui puisse s'appliquer à tous les textes réglementaires.

Vis et boulons, mobilier urbain, matériaux de construction, langage de programmation ou granulométrie des abrasifs… aujourd'hui pas un de ces objets matériels ou immatériels n'échappe à la normalisation. Il s'agit de définir ses caractéristiques selon les critères les plus rigoureux et ainsi pouvoir le désigner précisément pour être en mesure d'échanger à son propos. C'est l'immense tâche de l'Organisation internationale de normalisation (communément appelée ISO) où siègent les représentants d'organisations nationales. Pour la France, c'est l'Afnor, l'Association française de normalisation, qui y participe.

Dès 2005, l'Organisation s'est penchée sur le cas des nanotechnologies. Aujourd'hui, douze documents (série ISO/80004-1 à 12) définissent les termes de base utilisés dans le nanomonde. Des documents si techniques et administratifs que l'Afnor a « traduit » les propositions de l'ISO en termes plus simples, fin 2017. Ils sont destinés à tous ceux qui doivent prendre des décisions en ce qui concerne l'orientation, la gestion et l'application des nanotechnologies. Ainsi, l'association reconnaît les propriétés très intéressantes qu'offre la matière à l'échelle nanométrique.

En premier lieu, l'Organisation souligne ses propriétés optiques comme celles que présentent les nanoparticules d'or qui prennent des couleurs différentes — rouge, verte ou violette — selon leur taille. Puis elle mentionne l'impact de l'incorporation des nanomatériaux sur les propriétés mécaniques des matériaux : à l'instar de l'acier ou du caoutchouc comprenant des nanoparticules dispersées. Enfin, sont mentionnés deux autres aspects : la réactivité chimique, qui est exploitée dans les catalyseurs, et aussi la conductivité électrique qu'apporte l'utilisation des nano-objets dans la conception des batteries et des composants électroniques.

Compte tenu de ces propriétés, elle définit les nanomatériaux « comme un matériau ayant une dimension externe à l'échelle nanométrique ou une structure

— interne ou de surface — à l'échelle nanométrique ». Cette dernière éventualité désigne les matériaux nanostructurés, autrement dit ceux qui ont une structure nanométrique.

Dans ce contexte général, certains de ces nanomatériaux peuvent être manufacturés (c'est-à-dire produits intentionnellement pour leurs propriétés) ou naturels (comme les particules volcaniques), mais l'ISO reconnaît aussi le cas particulier des nanomatériaux « incidentels » : ceux qui se forment lors de l'utilisation d'une poêle à bois ou à la sortie des gaz d'échappement d'un véhicule diesel.

Quant à la définition des nano-objets, ils sont considérés comme une portion d'un matériau qui a une, deux ou trois dimensions externes à l'échelle nanométrique. Ainsi les nanoparticules ont trois dimensions externes à l'échelle nanométrique, tandis que les nanofibres — comme les nanotubes de carbone allongés — ont seulement deux dimensions nanométriques (épaisseur et largeur) puisque leur longueur dépasse la taille du nanomètre, et les nanofilms, nanorevêtements ou nanocouches se présentent sous la forme de feuillets d'épaisseur nanométrique mais de longueur et de largeur supérieures au nanomètre.

Puis ces nano-objets peuvent s'associer pour former des agglomérats qui eux-mêmes se combinent à leur tour pour former des agrégats, selon la définition des normes ISO.

LES NANOS SONT PARTOUT

Qu'ils soient naturels ou manufacturés, les nano-objets sont tout autour de nous : dans chaque millilitre d'air, on peut en estimer la présence à 20 000 voire 30 000 ! D'où viennent-ils ? De notre mode de vie, pour beaucoup :

d'une manière générale, ils sont issus de l'économie du carbone sur laquelle est fondée notre société. La source première est donc la combustion : transport, chauffage et certains systèmes de production d'énergie. Mais il y a aussi l'usure des pièces mécaniques mobiles par frottement[45]. Ainsi lorsque les rames du métro freinent sur les rails, il se forme aussi des nanoparticules.

Les nanoparticules ont trois voies d'accès à notre organisme : ingestion, inhalation ou passage à travers la peau. Mais leur dissémination dans l'environnement peut se faire d'une multitude de manières. Autant de pistes qui rendent bien complexe leur étude.

Pour évaluer le risque

La première nécessité est de récupérer des données afin de mieux comprendre le comportement des nano-objets. Mais en attendant de disposer de cette banque de données récoltées au cours d'études interdisciplinaires, il faut considérer qu'ils présentent un danger. Il en va ainsi selon le principe de précaution qui, en l'absence de données, envisage que le produit ne peut être considéré comme inoffensif.

Les spécialistes de la gestion des risques dans les entreprises doivent composer avec cette équation. Tenant compte de cette méconnaissance des dangers potentiels, il faut limiter l'exposition. Pendant cinq ans, entre 2003 et 2008, le projet européen *Nano Safe* piloté par le CEA et rassemblant un ensemble d'institutions de recherche et d'industriels a mené cette évaluation. Cependant, malgré tous ces efforts, aucune législation européenne n'a encore vu le jour.

45 www.mediachimie.org/sites/default/files/expert-sante_ch09_bernard.pdf.

Le cas français

Imaginons qu'un scandale sanitaire, comme les citoyens en ont connu ces dernières années, surgisse en lien avec les nanomatériaux. La première information préalable à toute action est de disposer d'une cartographie des territoires, lieux de production et de distribution de ces matériaux. Vers quels sites sont-ils par la suite acheminés ? Bref, peut-on évoquer la traçabilité de ces matériaux de la même manière que celle de la viande, du lait ou des œufs ?

La France est le premier pays à avoir mis en place une législation sur les nanomatériaux. La prise de conscience a commencé dès 2006, le Comité de la prévention et de la précaution du ministère de l'Écologie indiquant qu'il fallait « recenser les nanoparticules issues des nanotechnologies et les filières de production ». En août 2009, les lois du Grenelle de l'environnement (Grenelle 1) comprennent 268 engagements en faveur de l'environnement. Elles sont complétées en 2010 (Grenelle 2), où de nouveau la nécessité de répertorier les nanomatériaux est précisée. La France a adopté en février 2012 deux décrets relatifs aux nanos.

Il s'agit dans un premier temps de déclarer l'identité, les quantités et les usages des substances, par les articles L.523-1 et 523-3 du Code de l'environnement. Le but est de « mieux connaître ces substances et leurs usages, de disposer d'une traçabilité des filières d'utilisation, d'une meilleure connaissance du marché et des volumes commercialisés et enfin de collecter les informations disponibles sur les propriétés toxicologiques et écotoxicologiques ».

C'est ainsi qu'est né en 2013 le registre R-nano : déclaration des substances à l'état de nanoparticules[46]. Cette

46 www.r-nano.fr.

initiative a été suivie par d'autres pays européens. Ainsi la Belgique, le Danemark, l'Italie ont des programmes similaires de déclaration de nanomatériaux. Sauf qu'au niveau européen, une législation spécifique aux nanos se fait toujours attendre.

UN VIDE JURIDIQUE ?

Pour autant, le nanomonde est loin d'être un univers sans foi ni loi. Pour la bonne raison que la quasi-totalité des nanos entre dans la règlementation qui régit les substances chimiques. La plus célèbre d'entre elles est Reach (*Registration, Evaluation, Authorisation and Restriction of Chemicals*, pour enregistrement, évaluation, autorisation et restriction des substances chimiques). Ce règlement orchestré par l'Agence européenne des produits chimiques (ECHA, pour European Chemicals Agency) de l'UE, est entré en vigueur le 1er juin 2007[47]. Son but est de mieux protéger la santé humaine et l'environnement contre les risques liés aux substances chimiques. Le tout en maintenant la compétitivité de l'industrie chimique européenne. Le principe de fonctionnement est avant tout de répertorier, étudier et évaluer les substances, avant de restreindre ou d'autoriser leur utilisation. L'obligation de la déclaration revient directement aux industriels.

Toutes les entreprises sont concernées, depuis la société familiale de quelques salariés jusqu'aux multinationales. Et cela touche tous les secteurs industriels qui fabriquent des produits de nettoyage, des peintures, de l'habillement, de l'ameublement, des appareils électriques, mais aussi ceux qui usinent des pièces pour des utilisations diverses.

47 https://echa.europa.eu/fr/regulations/reach/understanding-reach.

Le principe de Reach impose aux entreprises elles-mêmes d'apporter la preuve de l'innocuité des substances qu'elles utilisent. Elles doivent identifier et gérer les risques liés aux substances produites et commercialisées dans l'Union. Ou encore indiquer dans quelles conditions celles-ci doivent être gérées et manipulées afin d'en limiter le risque. Ainsi les utilisateurs doivent être informés de ces méthodes.

Trois échéances ont été fixées en fonction de la quantité produite ou manipulée. Les substances produites en quantités supérieures à 1 000 tonnes/an devaient être déclarées au 1er juin 2011. Puis au 1er juin 2013, les productions et exportations supérieures ou égales à 100 tonnes/an devaient être incluses dans la réglementation. Enfin, à partir de juin 2018, les substances à hauteur d'une tonne par an ont dû être répertoriées.

Que pourrait imposer Reach si l'entreprise ne tient pas ses promesses ? Une restriction dans un premier temps, une interdiction pure et simple, ou encore la soumission à une autorisation préalable pour toute production de cette substance.

Questions ouvertes

Quelques critiques s'élèvent cependant contre cette réglementation. Celle qui revient le plus souvent est que Reach tient compte de chaque substance individuellement et non pas d'un supposé « effet cocktail ». De quoi s'agit-il ? Aussi vrai que la margharita est un mélange de jus de citron, Cointreau, Tequila et glace, et que chacun des ingrédients n'est pas capable d'apporter le goût unique de ce cocktail, le mélange de plusieurs ingrédients peut avoir des effets que n'aura pas chacun d'entre eux pris séparément. Ainsi l'interaction entre les différentes substances chimiques qui entrent dans la composition d'un produit n'est pas considérée par Reach.

Quant aux nano-objets, ils font bien partie de la réglementation en tant que substance chimique, mais leur spécificité n'est pas tenue en compte. Par exemple, les quantités de substances produites qui rendent l'application de la règlementation obligatoire ne sont pas adaptées aux nanomatériaux.

À part la directive Reach, on recense d'autres réglementations qui peuvent indirectement intervenir sur les nano-objets : par exemple les directives européennes pour la santé et la sécurité au travail qui obligent l'employeur à garantir les conditions de sécurité des salariés[48]. Par ailleurs, selon les utilisations des nano-objets, les réglementations sur des productions particulières comme les cosmétiques, les additifs alimentaires et les jouets peuvent s'appliquer. Mais parfois, ces textes utilisent des définitions différentes pour les nanomatériaux.

Ainsi même si les nanomatériaux n'échappent pas à la réglementation, la nécessité de concevoir une définition commune — en accord avec les spécificités scientifiques du domaine — est primordiale.

Une montagne de données

Que deviennent ces informations une fois accumulées ? Comment peuvent-elles servir aux consommateurs ?

La réglementation prévoit que six mois après les déclarations, le public puisse prendre connaissance des résultats. L'ensemble des données sera géré par l'Anses, qui s'est vu renforcée pour la gestion de ces données.

48 https://osha.europa.eu/fr/legislation/directives/the-osh-framework-directive/the-osh-framework-directive-introduction.

Mais les parties prenantes aux accords ont souligné aussi la nécessité de préserver les intérêts des industriels. En effet, si la composition intime d'un produit se trouve totalement révélée, le secret industriel peut être éventé. C'est pourquoi le déclarant a la possibilité de demander que les informations ne soient pas divulguées. De ce fait, le secret commercial restera protégé.

Cependant l'Anses peut transmettre ces informations à un ensemble d'institutions telles que l'ANSM (l'Agence nationale de sécurité du médicament et produits de santé), l'ANSP (l'Agence nationale de santé publique), l'INRS (l'Institut national de recherche et de sécurité). Le but étant de pouvoir suivre la toxicité d'une substance à travers les secteurs importants de la société.

Une autre objection des associations est que cette réglementation et l'obligation de déclaration ne sont pas directement profitables aux consommateurs. En effet, le fait de savoir que des bonbons contiennent du dioxyde de titane sous forme de nanoparticules, n'informe en rien sur les effets que ce produit est susceptible d'entraîner lors de son ingestion.

Quel est le seuil critique à ne pas dépasser ? La toxicité de ces nanoproduits va-t-elle être décuplée dans certaines conditions ? Que deviendront-ils dans l'organisme ? À quelle échéance seront-ils éliminés ? À toutes ces questions, il n'est aujourd'hui pas possible de répondre. Ainsi il faut accumuler encore des données en multipliant les études de toxicité et, de manière plus fondamentale, sur le comportement physicochimique de ces nano-objets dans un milieu complexe en interaction avec des molécules organiques.

Mais, même si la réglementation Reach n'est pas spécifique au nanomonde, c'est un premier pas pour tenter de maîtriser ce domaine. Sans doute le prochain défi sera d'intégrer les spécificités des nanomatériaux à cette réglementation.

LE VRAI BILAN

Au bout du compte, c'est le cycle de vie de chaque nano-objet qu'il faut considérer en déterminant ainsi un véritable bilan. Quel est le bénéfice apporté par ce produit par rapport à sa toxicité ? Quel sera son impact sur la santé et l'environnement ? Dispose-t-on des moyens pour le récupérer ou le recycler ? Sa fabrication entraîne-t-elle l'émission de produits secondaires toxiques ?

Pour répondre à toutes ces questions, il faut réunir à la fois des physiciens, des chimistes, des médecins, des toxicologues, mais aussi des économistes, des juristes et mener ainsi une étude interdisciplinaire. C'est cette approche qui est menée au sein du Laboratoire d'excellence (Labex) Serenade, où œuvre un regroupement de plusieurs institutions : treize laboratoires de recherche, des industriels. S'y ajoute le CEINT (Center for Environmental Implications of Nanotechnology ou Centre pour l'étude des implications environnementales des nanotechnologies) de l'université de Duke, aux États-Unis[49]. Ce programme, qui a débuté en 2012, devrait s'achever en 2020 et constitue la première tentative d'étude complète des nanomatériaux.

49 www.labex-serenade.fr et https://ceint.duke.edu.

8

LES NANOS À L'ÉCHELLE DU FUTUR

Devenir immortel, ne plus souffrir de maladie, réparer un rein ou un foie ou être capable de marcher sans se fatiguer, de courir des journées entières et d'être vaillant sans défaillir sur un champ de bataille… Les romans d'anticipation nourriraient-ils seuls de tels vœux ?

Ce n'est pas l'avis de Dmitry Itskov, un Russe qui a élaboré un ambitieux projet de recherche, baptisé Avatar. Le but de ce multimilliardaire, magnat de la presse, n'est ni plus ni moins de créer un cerveau artificiel qui recevra l'esprit d'un homme pour contrôler un hologramme en forme d'humanoïde ! Une tentative de rendre l'esprit, ainsi transplanté, éternel[50].

Certainement, les tenants du courant transhumaniste suivront le projet Avatar avec beaucoup d'intérêt. Ce courant de pensée prône l'utilisation des sciences et techniques pour améliorer les conditions physiques et mentales des êtres humains… pour à terme pouvoir enrayer maladie, souffrance, vieillissement et même la mort.

---

50 www.atlantico.fr/decryptage/tous-immortels-en-2045-projet-initiative-avatar-milliardaire-russe-soutenu-dalai-lama-436289.html.

Pour l'heure, le transhumanisme dans ses objectifs les plus extrêmes, comme celui de vaincre la mort, relève encore de la science-fiction. Mais comme le projet Avatar, ceux qui en font la promotion attendent impatiemment l'avènement de ce que les spécialistes appellent la grande convergence, ou encore la convergence NBIC. Il s'agit d'une discipline transversale regroupant les nanotechnologies, les biotechnologies l'informatique et les sciences cognitives (et dont les quatre initiales donnent NBIC). Se trouvent ainsi réunis les nanotechnologies avec l'ingénierie du vivant, la programmation et le cerveau, tous les ingrédients qui devraient prendre part au projet Avatar et permettre l'essor du transhumanisme.

LA GRANDE CONVERGENCE

Depuis un quart de siècle, quatre domaines scientifiques ont connu une accélération : outre les nanotechnologies, les mécanismes du vivant et la physicochimie de la vie ont permis le développement de la biologie de synthèse, le stade ultime de l'ingénierie du vivant. Recréer la vie en labo pour tester et améliorer notre compréhension de la biologie et construire ainsi des unités capables d'effectuer des tâches — par exemple la synthèse des protéines — au sein des organismes, tel est le but de la biologie de synthèse. Dès 2007, l'Américain Craig Venter annonçait la première bactérie de synthèse, dont le procédé de fabrication est breveté.

Parallèlement, la puissance de calcul s'est envolée et la perspective de construire des ordinateurs aux capacités sans cesse croissantes permet d'envisager des calculs et des simulations qui étaient jusque-là hors de notre portée. De la même manière, les neurosciences ont beaucoup progressé dans la compréhension du fonctionnement du cerveau. L'association de ces domaines et leurs interactions pourront-elles changer nos vies ? Examinons d'abord les éventuelles interactions entre ces domaines.

Les nanotechnologies interviennent dans la nanoélectronique, clé de la miniaturisation et de l'augmentation de la puissance de calcul et de la capacité de stockage de l'information. Ainsi le N du NBIC interagit déjà avec le I... mais la mise au point des techniques de nanousinage et de manipulation de la matière à l'échelle moléculaire permet aussi d'envisager l'ingénierie de la molécule d'ADN, support de l'information génétique. De cette manière, N interagit aussi avec B. Le lien entre les nanotechnologies et le cerveau passe par la conception d'implants miniaturisés qui prendraient place dans la boîte crânienne, dispensant ainsi un courant électrique qui pourrait modifier le fonctionnement des neurones.

Les biotechnologies permettent le séquençage du génome de plus en plus rapidement pour un coût de moins en moins élevé. Aujourd'hui, des compagnies privées proposent le séquençage d'un génome humain pour moins d'un millier d'euros. En 2003, lorsque le procédé commençait tout juste à être opérationnel, le coût en était de trois milliards de dollars ! Permettre à tout un chacun d'avoir accès à son génome ouvrirait, nous promet-on, la voie à la médecine personnalisée de demain. En fonction de la séquence génétique de la personne, tel médicament serait plus approprié ou encore telle autre prédisposition génétique à une maladie pourrait être rapidement repérée.

Par ailleurs, le séquençage constitue une base de données gigantesque pour étudier statistiquement l'occurrence des maladies en fonction des profils génétiques. À partir de cette étude à très grande échelle, des corrélations pourraient apparaître entre un profil génétique et une affection particulière. Il deviendrait alors possible de manipuler génétiquement les embryons à naître afin d'effacer tout risque de développement de certaines maladies. Même si, pour l'heure, les généticiens sont loin d'avoir décrypté les gènes de la longévité et que le secret de l'immortalité n'est pas encore maîtrisé, la thérapie génique permettrait de reprogrammer une cellule et d'éviter ainsi la mort cellulaire.

Depuis quelques années seulement, des outils très sophistiqués sont apparus dans le domaine comme le CRISP/CAS9, qui permet d'insérer de manière précise un gène donné dans un génome qui en deviendrait l'hôte. La maîtrise de ce procédé permettrait de modifier le génome humain à volonté et sur demande. Ainsi les premiers essais de thérapies géniques commencent à s'organiser.

Par ailleurs, la découverte des cellules souches pluripotentes permet à terme d'imaginer la culture *in vitro* d'un organe. Ces cellules souches qui sont à l'origine des cellules non différenciées pourraient être cultivées pour former un rein ou un foie, mais aussi à beaucoup plus long terme, un cerveau, un organe beaucoup plus complexe. Ainsi B interagit avec la cognition et utilise les techniques issues des nanotechnologies pour la miniaturisation.

HUMAN BRAIN PROJECT

Quant aux sciences cognitives, elles ont ouvert une véritable boîte de Pandore ! Désormais les questions qui sont abordées portent sur le cerveau tout entier : peut-on simuler, grâce à l'informatique, le cerveau humain ? Au sein de ce cerveau artificiel, en utilisant la complexité de structure, quelque chose de similaire à une conscience pourrait-il émerger ? C'est ce pari qui a été tenté au sein du projet *Human Brain Project*. Il s'agit d'un projet européen financé dans le cadre des « initiatives-phares des technologies futures et émergentes » que porte l'Union européenne (communément appelé par le nom anglais de projet *Flagship*), d'un coût total de 1,2 milliard d'euros sur dix ans.

L'idée est de simuler le fonctionnement d'un cerveau humain grâce à un superordinateur afin de comprendre le mécanisme de la pensée, des émotions, de la prise de décision et aussi les maladies neurodégénératives… Le projet a débuté en 2013 et doit courir jusqu'en 2023. Le superordinateur de la firme IBM utilisé, Blue Gene dans ses versions améliorées, un des plus puissants au monde, est le support de ce projet qui peut être considéré comme un premier pas sur la route de la convergence NBIC.

Seulement, à peine deux ans après le début du projet, des voix critiques se sont élevées : l'objectif trop audacieux semblait tout bonnement hors de portée et certains spécialistes s'interrogeaient sur la pertinence de dépenser plus d'un milliard d'euros pour ce cerveau artificiel… La contestation au sein de la communauté a poussé l'Union européenne à revoir les objectifs de ce projet dès 2015, le réorientant vers une recherche plus clinique pour les tests de nouveaux traitements par exemple.

L'objectif de départ — c'est-à-dire la simulation du cerveau humain avec ses milliers de milliards de neurones chacun connecté — aurait supposé une puissance de calcul et de simulation qui dépasse pour l'heure les capacités des superordinateurs. Il faudrait faire tourner en continu un calculateur effectuant 10^{18} (soit un milliard de milliard) d'opérations par seconde !

Nous ne sommes pas encore capables de recréer un cerveau sur un ordinateur, il faut désormais l'admettre et nous sommes encore loin, très loin, de cet objectif reconnaissent de nombreux neuroscientifiques. Les audaces de l'*Human Brain Project* ont ainsi été revues à la baisse par l'Union européenne : son nouvel objectif est d'être une sorte de plateforme informatique pour tester et comprendre les maladies de type Alzheimer.

LA CONVERGENCE N'EST PAS POUR DEMAIN

Ainsi le mariage du C et du I n'a pas eu lieu... Certes, il y a des interconnexions entre la compréhension du fonctionnement du cerveau et la simulation informatique, mais il s'agit plutôt d'un minirecouvrement périphérique. Comment imaginer alors que dans ce ménage bancal puissent s'immiscer nano- et biotechnologies ?

Comme nous l'avons vu, les défenseurs de la convergence imminente entrevoient une augmentation rapide de la puissance de calcul fondée sur la fameuse loi de Moore en informatique. Mais il est aussi vrai que si la loi de Moore a été constatée jusque-là, les experts en électronique prédisent sa fin proche, le moment où physiquement un plus grand nombre de composants ne pourra prendre place sur un microprocesseur, faute de faire apparaître des effets quantiques. La miniaturisation extrême des composants fait que d'autres phénomènes propres à la nano-échelle interviennent.

Pourtant, malgré ces limitations de la puissance de calcul, démontrées au cours de l'*Human Brain Project*, le projet Avatar continue son chemin avec des crédits privés et une feuille de route bien définie. Quatre phases ont été déterminées dans l'avancement du projet. D'ici 2020, c'est un robot humanoïde fidèle qui devrait voir le jour. En 2025, c'est un cerveau humain prélevé en fin de vie qui devrait être implanté sur cet avatar. En 2035, il est prévu de transférer la personnalité d'un humain à travers ses connexions neuronales sur un cerveau artificiel au sein du robot. Enfin, la dernière phase est prévue en 2045 : son but est de créer un avatar à base d'hologramme qui bénéficierait d'un cerveau artificiel contenant la personnalité d'un humain. Pour cette raison et cette échéance de date, le projet est parfois appelé *2045 Initiative.*

Pour Dmitry Itskov c'est une manière d'atteindre l'immortalité puisque le cerveau et la personnalité d'un individu seraient préservés. Mais si son corps matériel n'est plus…

LA VIE ÉTERNELLE AURAIT-ELLE LA MÊME VALEUR ?

Cependant, les perspectives de vie éternelle telles que pensées pour le projet Avatar et par les transhumanistes ne manquent pas de soulever beaucoup de débats : un tel futur serait-il souhaitable pour l'humanité ? Le projet transhumaniste serait d'abord à l'origine d'effroyables disparités entre ceux qui pourraient s'offrir cette médecine de jouvence de demain et les laissés-pour-compte. Et si finalement nos vulnérabilités étaient indissociables de notre nature humaine ? Et si l'expérience de la maladie et de la mort était à l'origine même de la valeur de la vie ?

Dans son dernier ouvrage *La Fin de l'homme*, le philosophe américain Francis Fukuyama revient sur cette immortalité proposée par les transhumanistes. Il qualifie le transhumanisme d'idée la plus dangereuse qui puisse exister. Pour lui, la science d'aujourd'hui ne parvient plus à s'autoréguler et les gouvernements devraient légiférer pour privilégier les technologies qui favorisent la prospérité de l'humanité et le développement de la paix.

En l'absence de cette prise de conscience des gouvernements, dit-il, l'envolée de l'économie libérale à laquelle nous assistons actuellement ne vise que le profit. Fukuyama prédit que le projet transhumaniste — qu'il présente comme un véritable projet politique — bouleversera l'équilibre humain dans le sens du profit de quelques-uns.

« LE MYTHE DE LA SINGULARITÉ »

Alors au-delà des condamnations éthiques, sommes-nous proche de cette « singularité », ce moment particulier qui marque l'avènement de la convergence NBIC ? Dans son livre, *Le Mythe de la singularité*, Jean-Gabriel Ganascia, chercheur au laboratoire d'informatique de l'université Pierre-et-Marie-Curie (UPMC), démonte point par point les arguments de ceux qui affirment que l'avènement de la singularité est pour bientôt. En décryptant leur discours, il éclaire aussi les raisons profondes qui les animent.

Pour commencer, l'élaboration d'une conscience artificielle à partir d'un projet de simulation numérique va se heurter aux limites des calculateurs, et les machines actuellement disponibles sont très loin de pouvoir effectuer cette simulation, la preuve par l'*Human Brain Project*, et chercher à affirmer le contraire est trompeur.

Surtout, l'argument de *deep learning*, c'est-à-dire l'auto-apprentissage chez les robots qui utiliserait les principes de l'intelligence artificielle pour une autonomie de pensée, serait une confusion sémantique. Rappelons une évidence : cette intelligence artificielle n'est pas de même nature que l'intelligence humaine. L'apprentissage de la machine est dirigé, il ne génère pas des concepts.

L'auteur met en garde contre ces glissements sémantiques. Pour lui, les tenants de ce discours ont tout intérêt à entretenir cette confusion. Ils agissent comme des groupes de pression. Des lobbies qui ont réussi à s'imposer au Parlement européen, qui réfléchit maintenant à un droit des robots... Singularité et convergence sont devenues ainsi des *buzzwords* de la futurologie ! Ces mots font rêver et génèrent des financements, des mécénats.

Reste alors la question de fond : qui donc a intérêt à entretenir de telles sornettes sur l'homme du futur, à coups de techniques issues du marketing ? Les grandes entreprises de l'économie numérique, celles-là même qui stockent et revendent les données personnelles des utilisateurs comme une matière première à exploiter. Elles ont résisté à l'éclatement de la bulle spéculative de la fin des années 1990 et sont arrivées à des capitalisations boursières sans précédent.

Si l'on fait abstraction des quelques points de vue critiques de ces dernières années, leurs dirigeants sont devenus des personnalités médiatiques et charismatiques. Pour entretenir cette image, ils ne peuvent que suggérer que tout est possible par des discours trompeurs sur la capacité des machines numériques. Ils ont besoin de séduire en faisant rêver et, pour cela, ils utilisent des personnages médiatiques et légendaires, comme le physicien Stephen Hawking, décédé en mars 2018, ou encore Elon Musk, l'entrepreneur fondateur de Space X, qui prône la symbiose homme-machine et l'établissement d'une première colonie humaine sur Mars. Grâce à ces figures charismatiques, le secteur du numérique distille l'idée que rien ne pourra entraver l'avènement de ce qu'ils nomment la « singularité ». Les citoyens se trouvent ainsi pris en otage de cette vision du futur, si toutefois aucun autre discours ne vient déconstruire cette fuite en avant.

En attendant ce jour

Au terme de cet ouvrage, en revenant ici et maintenant, on ne peut que constater la grande diversité des domaines d'application des nanomatériaux : transition énergétique, médecine, matériaux *high tech*, électronique... Pour être compétitive, l'industrie ne peut s'en passer. Mais au-delà des applications techniques, il y a la curiosité de comprendre la structure intime de la matière comme le secret des étoiles. À ce titre, les nanomatériaux ont été inventés, façonnés, expérimentés pour ouvrir d'autres horizons.

Comment éviter que leur incorporation dans les produits de consommation courante ne constitue une bombe à retardement pour la santé des populations et pour l'environnement ? C'est là que le consommateur doit se comporter en citoyen attentif et responsable pour exercer son choix de société, avant même que le législateur ne décide d'interdire la vente de telle marque de bonbons contenant des nanoparticules

Acheter un produit devrait traduire un acte d'adhésion à une hygiène de vie. Faire le choix de laver ses chaussettes plutôt que de les associer aux nanoparticules biocides censées empêcher le développement des bactéries à l'origine des mauvaises odeurs. Fréquenter les marchés et remonter ses manches pour faire la cuisine. Refuser ainsi d'acheter des bonbons, plats préparés... devient un acte militant pour le bien-vivre.

Mais il est des produits difficiles à démasquer : étiquetage énigmatique, produits désignés sous des noms de code, affichage discret. Le consommateur doit déployer beaucoup de volonté pour les éviter. C'est là que le législateur peut intervenir à travers quelques étapes apparemment simples mais bien difficiles à mettre en place : élaborer une définition scientifique rigoureuse de ces nanomatériaux, rendre obligatoire l'affichage de cette information sur le produit. Informer tout en poursuivant les évaluations rigoureuses menées par des équipes de recherche indépendantes. Une question de mesure et de bon sens.

« Vive le citoyen « sachant » et critique !

Mon activité scientifique porte sur la physicochimie de surface des nano-oxydes : les nano-oxydes parce que ce sont des substrats omniprésents dans les environnements naturel et industriel ; la surface parce que c'est une région cruciale lors du contact avec d'autres milieux, siège de l'activité chimique et lieu par où s'effectuent les transferts de charge et de matière. En général, cette région ne s'étend que sur quelques distances interatomiques dont les structures cristallographique et électronique et l'état chimique sont habituellement déterminés sous vide et sur des échantillons massifs, par des sondes électroniques. Or, je cible des oxydes divisés dont il est fréquent que la surface ne soit active qu'en présence de gaz ou de liquides sous des conditions normales. Cela m'a amené à développer des expérimentations innovantes qui permettent l'examen de nanoparticules et qui combinent des analyses sous conditions ambiantes aux études traditionnelles sous vide. Mes thèmes sont centrés sur la fonctionnalisation des surfaces et la (photo)catalyse. Ils sont pour une part importante inspirés par des problématiques d'origine industrielle qui m'amènent à confronter les recherches de base effectuées au laboratoire aux travaux appliqués conduits par des équipes de recherche et développement.

Les nanosciences sont en pleine croissance. Elles sont sources de solutions nouvelles dans nombre de domaines techniques. L'obtention de propriétés de rupture s'accompagne de défis auxquels la recherche se confronte constamment : maîtrise des compositions, diminution des tailles, affinement des propriétés. Ces défis et contraintes convergent vers un objectif fort des nanosciences : la manipulation des atomes. Déjà à l'œuvre au laboratoire sous les pointes des microscopes en champ proche, la construction d'entités actives atome par atome s'inscrit dans le futur des nanotechnologies, avec de formidables ouvertures. Mais, par leurs dimensions mêmes, les nano-objets sont parfois perçus par le public comme de mystérieuses boîtes noires et les fonctionnalités qu'ils génèrent sont occultées.

Dans son ouvrage, Azar Khalatbari, que j'ai eu grand plaisir à accompagner dans son travail, évoque les démarches innovantes, les défis et les perspectives associés aux nanotechnologies ainsi que les interrogations qu'elles soulèvent. Elle a appuyé sa rédaction sur l'interview de nombreux experts qui font référence dans leurs domaines respectifs. À cette approche fondée et équilibrée, s'ajoute le message que chacun de nous a un rôle primordial à jouer en tant qu'utilisateur citoyen, « sachant » et critique, pour que les nanotechnologies soient une belle aventure de progrès.

Jacques Jupille »

Références générales et lectures complémentaires

Toutes les références Internet citées dans le texte et ci-dessous s'appuient sur leur contenu tel qu'il était au 22/06/2018.

Références générales

Braly J.-P., Ganascia J.-G., 2018. *Le Temps des robots est-il venu ? Découvrez comment ils transforment déjà notre quotidien*, Quæ, Versailles, 176 p.

Commission européenne, 2011. Recommandation de la Commission du 18 octobre 2011 relative à la définition des nanomatériaux, 2011/696/UE. *Journal officiel de l'Union européenne*, 20 octobre 2011, 40.

Crichton M., 2002. *La Proie*, Robert Laffont, Paris (2003 pour l'édition française), 385 p.

Drexler E., 1987. *Engines of Creation: The coming era of nanotechnology*, Anchor Books, États-Unis, 312 p.

Fukuyama F., 2002. *La Fin de l'homme : Les conséquences de la révolution biotechnique*, Éditions de la Table ronde, Paris, 366 p.

Gamow G., Stannard R., 2012. *Le Nouveau monde de M. Tomkins*, Le Pommier, Paris, 320 p.

Ganascia J.-G., 2017. *Le Mythe de la singularité*, Seuil, Paris, 144 p.

Lourtioz J.-M. (ed.) *et al.*, 2014. *Nanosciences et nanotechnologies : Évolution ou révolution ?* Belin, Paris, 412 p.

Sur le nano-argent et le nano-or

http://rsde.ineris.fr ou http://www.ineris.fr/substances/fr

www.savoirs.essonne.fr/thematiques/les-technologies/nanotechnologies/nanotechnologies-la-ruee-vers-lor

Sur la nanomédecine

www.cea.fr/multimedia/Documents/publications/les-defis-du-cea/les-defis-du-CEA199.pdf

www.cea.fr/comprendre/pages/sante-sciences-du-vivant/essentiel-sur-nanomedecine.aspx

www.powershow.com/view/3be801-OTI4M/NANO-ELECTRO-MECHANICAL_SYSTEM_NEMS_powerpoint_ppt_presentation

http://tpe-nano-1s3.weebly.com

Pour suivre l'actualité au jour le jour des nanotechnologies

http://veillenanos.fr

En couverture :
© Volodymyr Horbovyy - iStock (n° 639615402)

Certifié PEFC
Ce produit est issu de forêts gérées durablement et de sources contrôlées.
PEFC
10-31-3068
pefc-france.org

Coordination éditoriale : Véronique Véto
Responsable de la collection : Anne-Lise Prodel
Édition : Mickaël Legrand / www.vivante-passerelle.net
Maquette, couverture et mise en page : Gwendolin Butter

Imprimé en France par CPI Firmin Didot
N° d'impression : 148737
Dépôt légal : août 2018